UX

用户体验核心课丛书

# 用户体验概论

User Experience Foundation

刘 伟◎著

北京师范大学出版集团
BEIJING NORMAL UNIVERSITY PUBLISHING GROUP
北京师范大学出版社

**图书在版编目（CIP）数据**

用户体验概论／刘伟著．—北京：北京师范大学出版社，2020.6（2023.3重印）

用户体验核心课丛书

ISBN 978-7-303-23695-4

Ⅰ．①用…　Ⅱ．①刘…　Ⅲ．①人机界面-程序设计-教材　Ⅳ．①TP311.1

中国版本图书馆CIP数据核字（2018）第092805号

**图书意见反馈** gaozhifk@bnupg.com 010-58805079

营销中心电话 010-58807651

北师大出版社高等教育分社微信公众号 新外大街拾玖号

YONGHU TIYAN GAILUN

出版发行：北京师范大学出版社 www.bnup.com

北京市西城区新街口外大街12-3号

邮政编码：100088

印　　刷：天津市宝文印务有限公司

经　　销：全国新华书店

开　　本：890 mm × 1240 mm　1/16

印　　张：14

字　　数：200千字

版　　次：2020年6月第1版

印　　次：2023年3月第2次印刷

定　　价：88.00元

策划编辑：何　琳　　　责任编辑：陈　倩

美术编辑：李向昕　　　装帧设计：锋尚设计

责任校对：康　悦　　　责任印制：马　洁

# PREFACE
# 总 序

### 时代的召唤

在我国“四个全面”战略部署的框架下，依托“大众创业、万众创新”和“互联网+”的时代浪潮，科技与经济发展已提前进入超车道。与此同时，我们也正面临前所未有的机遇和挑战——我们能否成功完成经济模式转型和产业结构调整？能否成功跨越中等收入陷阱？能否让人民生活得更有尊严？上到国家战略，下至国计民生，关注的重心无疑落在人的生产、生活品质上。无论生产效率、自我实现，还是幸福感等，均可以在产品和服务的用户体验中体现。用户体验既可以体现在空气中悬浮物的指标控制上，也可以体现在影响数亿人的国家政策上，它影响着人们生活的方方面面。2015年，北京师范大学心理学部率先创建国内第一个应用心理专业硕士用户体验方向，并于2016年9月招收第一届学生。这一举动立足于有效服务社会、满足国家的需求、响应时代的召唤，将用户体验教育推向学术化、专业化和系统化的道路。

### 创新的融合

用户体验是一个交叉融合的学科方向，与心理学、设计、科技、商业等多个领域均有交集。用户体验理论上依托北京师范大学心理学强大的专业背景，实践上已经在商业实践环节受到了高度重视，企业、政府不断提出体验创新以推动发展。北京师范大学在专业硕士培养方案中引入用户体验方向，重视实践型人才的培养，这将为企业提供战斗在第一线的用户体验人才。

心理学、设计、科技、商业等领域在用户体验中不是简单的加法，而是完成了更高维度上的融合。心理学实证的科学态度为设计带来有效、可靠的方法论，而设计成为让心理学的研究成果可以服务于人的生活的重要途径。更高维度上的融合体现在多个领域共同作用产生了用户体验的思想。这种充分尊重用户、以人为本的思想不仅影响了设计这个行业，而且对社会发展也具有重大意义。这种思想的出现标志着人类正在从工业时代遗留的“人服务机器”的想法中解放出来，从“机器是这样设计的，所以我要学习这样操作”演化成“人习惯这样操作，所以产品应该这样设计”。

**使命与自省**

作为世界上人口最多的国家和最大的商业市场，中国市场在高速发展的进程中，迫切需要用户体验人才、方法和理论，这也是我们撰写这一套“用户体验核心课丛书”的原因。该丛书包含了《用户体验概论》《用户研究——以人为中心的研究方法工具书》《交互品质——用户体验程序与方法工具书》《工程心理学应用》《产品服务体系策略》《交互与界面设计》和《用户体验经典案例》。该丛书包含了用户体验的理论知识、具体方法和流程、真实案例的具体分析，以及北京师范大学心理学部创建用户体验方向的心得和经验。该丛书适用于心理学研究人员、用户体验设计师以及对用户体验感兴趣的人或组织。

“实践是检验真理的唯一标准”，这句话对于发展迅速的用户体验学科尤为重要。北京师范大学应用心理专业硕士用户体验方向自创建以来，积累了大量的理论方法和案例。该丛书包含了用户体验方向的开创者的心路历程、各位教师的教学和方向建设的心血、学生的课题内容和实践项目经历，是集体知识沉淀的果实。但我们还年轻，需要走的路还很长，我们要始终保持开放与谦虚的态度，去迎接每一位读者的检阅。希望每一位读者都能在书中有所得，让我们共同扛起用户体验这面大旗，做到服务社会、回馈祖国。

刘　嘉

2020年5月于北京师范大学

# FOREWORD
# 前 言

《用户体验概论》为“用户体验核心课丛书”中的一册。该书面向用户体验专业方向的学生、初级用户体验设计师、初级用户体验研究员及其他用户体验领域的相关人员。用户体验作为北京师范大学应用心理专业硕士的其中一个专业方向，响应时代的发展，引领用户体验专业方向在国内高等教育领域落地及发展。

本书通过案例引入用户体验概念，并对其发展历史、核心思想、要素及前沿领域进行阐述。通过对不同词性的“用户体验”下定义，使读者对用户体验有一个宏观认识，并逐步建立起理论雏形。

用户体验本身是一个交叉融合的领域，心理、设计、科技和商业彼此交织，其中心理学为用户体验提供理论支持与研究方法；设计是用户体验的核心活动，同时又丰富了用户体验的维度；科技为用户体验注入新鲜血液，反之用户体验对科技发展提出更高要求；用户体验是通过商业环节实现的，同时又作为一种新的思维模式对商业思维进行渗透。通过对比用户体验设计与交互设计的异同，帮助读者理解彼此涉及的范围。从根本上说，用户体验设计是对与人相关的活动的设计。这部分内容帮助读者了解用户体验涉及面的广度，从而厘清彼此的关系。

第三章是对用户体验核心活动——用户体验设计的核心探讨。该部分对用户体验设计的三大核心关注点——用户、情境与需求进行了详细的阐述。这三个核心关注点以用户为中心，建立在对个体意志极度尊重的基础上。用户体验研究员运用同理心开展用户洞察，研究产品与服务触点，实现需求沉淀，通过构建超越预期的需求管理，建立情感连接。

基于用户体验设计的三个核心关注点，我们顺理成章地引出了用户体验设计的全流程。在这个流程中，我们强调全流程的用户参与性、全流程的整体迭代和局部流程的循环迭代及原型评估的力量，同时在流程中穿插工作方法的讲述，帮助读者理解具体工作的开展。

用户体验设计融合了其他领域的众多工作方法，如软件开发领域的瀑布式、敏捷式开发方法，精益创新工作方法等。读者通过对不同工作方法的了解，理解迭代思维，持续验证思维在用户体验设计流程中的重要性。

在全书的最后章节中，我们列举了四个用户体验实践案例。它们来源于北京师范大学应用心理专业硕士用户体验方向承接的校企合作课题和课堂实践课题等。涵盖面涉及用户研究、交互科技、体验策略及交互设计等。

《用户体验概论》一书的出版，离不开各位老师的大力支持，包括乔志宏老师、刘嘉老师、张西超老师、刘春荣老师、王君老师、刘力老师、胡思源老师等。另外，还要特别感谢北京师范大学MAP（Master of Applied Psychology，应用心理专业硕士）中心和案例中心各位老师的大力支持，包括孙舒平老师、任若楠老师、王娟老师、滕丽美老师、张晓娜老师等。感谢负责校对的朱迪老师。感谢参与本书编制的用户体验方向的同学们：白小晶、黄锦阁、李孟凡、乔良、苗淼、易如、王浩之、吴梦涵、张越洲、戚睿雅、孙宁、谭孟华、柯雷、潘文洁、肖峙靖等。我们期望通过该书的出版将用户体验专业知识传播开来，让更多的人了解和关注这个领域，共同推动该领域的发展与深化。

刘　伟<br>2020年5月于斯坦福大学

# CONTENTS
# 目 录

## 用户体验三要素

## 研究探索

# 05 设计、评估和迭代

# 实战案例

在本章中，我们通过日常生活中较为常见的产品与服务引出“用户体验”这一概念，通过介绍用户体验的发展史加深读者对这一概念的认识，进而明确提出用户体验的本质是一种“以用户为中心”的设计，并在最后一节中对本学科涉及的相关前沿领域进行介绍。

## 第一节　你所不知道的用户体验

什么是用户体验？是用户对于某种产品或服务的使用体验和感受？或是用户主动去体验和感受某种产品或服务之后的反馈？很明显，这是从字面得出的解释，是一般的，也是最直观的解释。我们暂时不对这样的解释做出评价，不如先从我们的生活出发，聊一聊离你最近的用户体验，或许从这些例子中你能够感受到究竟“用户体验”是什么。

俗话说：“民以食为天。”火锅类型的餐厅成为2019年唯一一个市场份额超过20%的品类。除了此类餐厅本身极易获得较高的利润之外，我们也必须要承认的是，这样一种就餐形式拥有极高的“群众基础”，能够被大众接受。在口味各异的火锅餐厅中，海底捞的地位一直是不可撼动的。让我们回想一下，最近一次你在海底捞用餐时的情形。

首先，思考一下，你为什么会选择来这里就餐？需要等位吗？你会领取号牌接受等位吗？等位时你在做什么？漫长的等待过程是否让你想要放弃？终于进入餐厅并落座，在忙碌的餐厅里，服务员的态度如何？你得到了怎样的服务？点菜的过程能够实现完全自主吗？真实的菜品与你在下单时所想的是否一致？就餐过程中有没有遇到突发情况？这些情况得到解决了吗？最后用餐结束，你通过何种方式完成了付款？是否享受到了商家承诺的折扣优惠？还会再来吗？

其实这极其寻常的用餐过程中就存在着用户体验。

海底捞成功的原因，除了口味被大众认可外，更在于其将贴心的服务完成在了消费者提出之前、需要之前，甚至是意识到之前。由于良好的口碑，大量消费者被吸引至此，这使得“等位”成了不可避免的环节，特别是在核心商业区的用餐高峰时段，平均等位时长达120分钟。在如此漫长的等位过程中，海底捞提供了茶水、零食、水果、美甲、超时补偿等服务，这使得消费者在枯燥的等位过程中也能保持相对愉悦的心情。如果有人不小心错过了叫号，顺延三桌的设置也不会影响大多数人的用餐安排。

在用餐时，即使餐厅内座无虚席，服务人员也同样会给予消费者高度的关注，包括及时续水，递热乎乎的擦手巾，以及积极了解消费者的需求

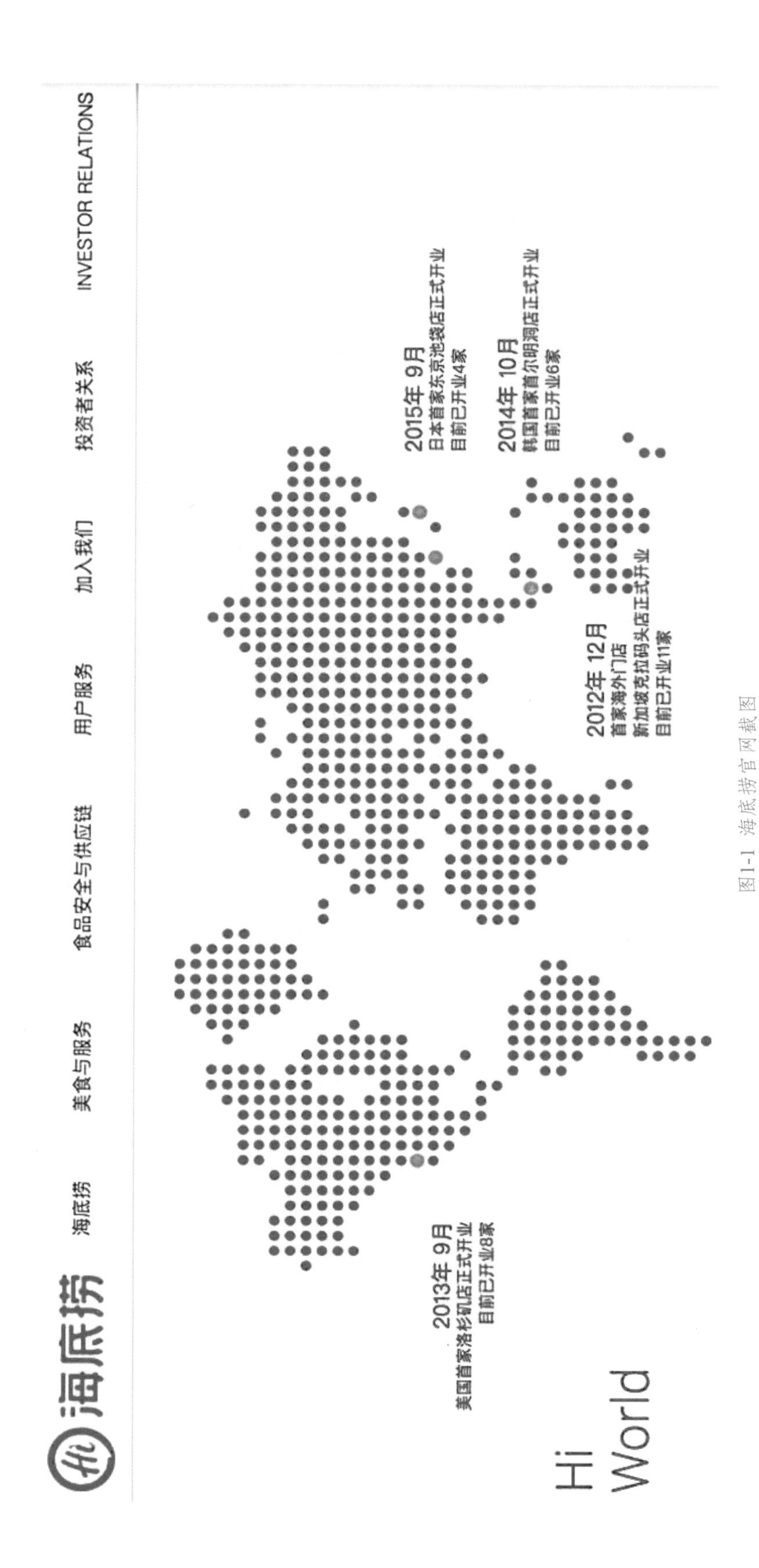
海底捞
海底捞
美食与服务
食品安全与供应链
用户服务
加入我们
投资者关系
INVESTOR RELATIONS
Hi
World
2013年 9月
美国首家洛杉矶店正式开业
目前已开业8家
2015年 9月
日本首家东京池袋店正式开业
目前已开业4家
2014年 10月
韩国首家首尔明洞店正式开业
目前已开业6家
2012年 12月
首家海外门店
新加坡克拉码头店正式开业
目前已开业11家

图1-1 海底捞官网截图

并尽可能满足。点菜时消费者可以通过桌子旁边配备的平板电脑进行可视化的自主点餐，结账时也无须起身去前台排队，同样在平板电脑上操作即可完成。整个用餐过程，从排队到用餐再到结账，一切都是以消费者为中心的。消费者的需求被时刻关注，并在最大限度上得到满足，这是一次“被捧在手心里”的用餐体验。这一系列“以人为中心”的设计，正是重视“用户体验”的结果。那么用户体验这个想法到底是什么时候产生的呢？

在原始社会时，人们就明白一个道理——工具要适合人。毕竟人的手是无法伸缩变化的，但是石头却是可以通过凿磨、撞击等方式改变形状和大小的。作为一门学科，用户体验最早可以追溯到19世纪末20世纪初，从早期的“机器中心论”到人机工程学研究，再到现在用户体验在产品与服务中的地位不断提高，这一过程经历了上百年。如今的用户体验，作为一门交叉学科，不仅与心理学相关，还需要设计、科技与商业的辅助。回溯用户体验的发展史，或许能帮助我们更清晰地了解，究竟什么是用户体验，用户体验会将我们带向何方。

# 第二节　从“机器中心论”到人机工程学——用户体验“初长成”

用户体验从19世纪末20世纪初开始萌芽，其间经历了几个重要的发展阶段。在工业革命时期，“机器中心论”盛行，此时的用户体验主要研究人对机器的适应，流水线作业就是这一阶段的一种典型模式。第二次世界大战时期，工业设计师亨利·德雷夫斯[①]（Henry Dreyfuss）提出了“从内到外”的设计原则，并提出了“将人放在设计的第一位”的理念，这使得用户体验的关注点重新回到人的身上，并在一定程度上奠定了设计领域在人机工程学当中的基础地位。唐纳德·诺曼（Donald Arthur Norman）提出了用户体验的概念。图1-2展示了用户体验的历史溯源。

① 亨利·德雷夫斯（1903—1972），人机工程学的奠基者与创始人。1929年，他从舞台设计行业退出，转为进行工业设计研究，并建立了自己的工业设计事务所。

## 1. 机器中心论——交互效率与人机关系探究

伴随着第二次工业革命的进行，人们逐步将关注的重点移到如何提高生产效率上来。在这一时期，心理学家的主要研究方向也转向了人如何更好地适应机器这方面的研究，这就是“机器中心论”时代。卓别林先生的经典代表作《摩登时代》中就有工人追赶机器流水线生产速度的生动场景。

提到流水线，我们就不得不提到亨利·福特[②]（Henry Ford），他是世界上第一个使用流水线大批量生产汽车的人。1913年，世界上第一条流水生产线在福特汽车工厂出现，使得汽车的生产效率大幅度提高，成为具有划时代意义的产品。流水线使工厂的生产流程变得标准化，大大减少了工人的思考时间，让工人只用一个动作就能完成全部生产流程，降低了操作动作的复杂性，也让每个部件都尽可能在最短的时间内得到装配。虽然流水线使工作效率大大提升，但却倒置了人与工具的关系，把人变成了机器的齿轮。

② 亨利·福特（1863—1947），美国著名的汽车工程师与企业家，建立了福特汽车公司。

同一时期的弗雷德里克·温斯洛·泰勒[③]（Frederick Winslow Taylor）也开创了使人类工作更有效率、更有成效的方法。他在《科学管

③ 弗雷德里克·温斯洛·泰勒（1856—1915），美国著名的经济学家、管理学家，被誉为“科学管理之父”。

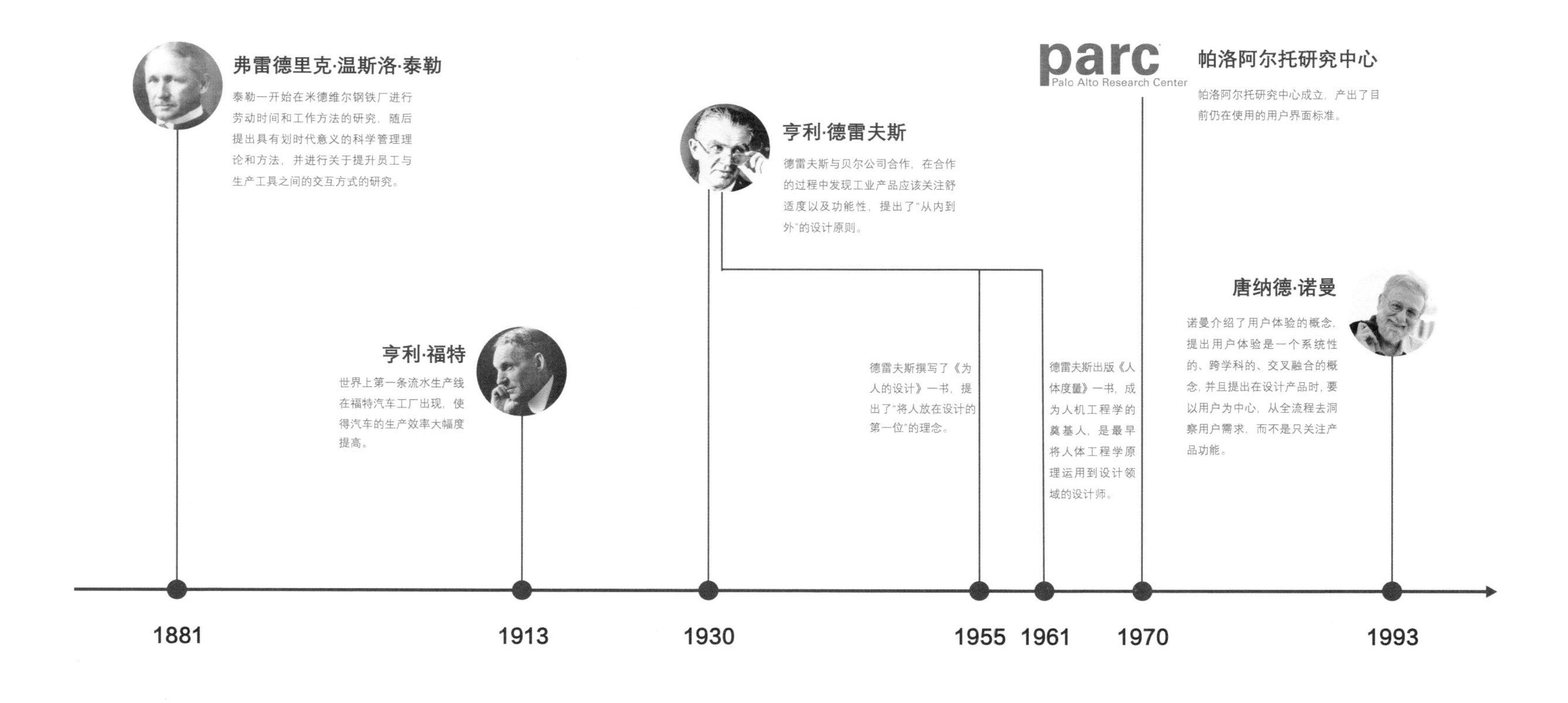


图1-2 用户体验的历史溯源

理原理》(*The Principles of Scientific Management*)一书中提出了对工程效率的研究。该研究一经提出，便在业界引发了广泛的关注。泰勒为工人和工具之间的交互描绘了早期的图景，并进行了用户体验领域的开创性研究——关于提升员工与生产工具之间的交互方式的研究，为当今用户体验发展打下了重要的基础。

虽然泰勒与福特提出并制定的标准化方法在一定程度上抹杀了人的主观能动性与主体地位，但他们关于工人与生产工具之间的交互效率问题的研究在某种程度上来说为用户体验的发展奠定了基础。

## 2. 设计准则——重新定义人在产品设计中的位置

第二次世界大战时期，工业设计师德雷夫斯在与美国贝尔电话公司合作的过程中发现，仅仅针对外观进行设计是远远不够的，工业产品应该更加关注舒适度及其功能性，因此提出了“从内到外”的设计原则。他从电话的功能性出发，摒弃了长久以来纵向放置电话筒的设计(如图1-3所示)，开创性地将电话的听筒与话筒合二为一，这一改进对现代电话(如图1-4所示)设计形式的发展产生了重大影响。

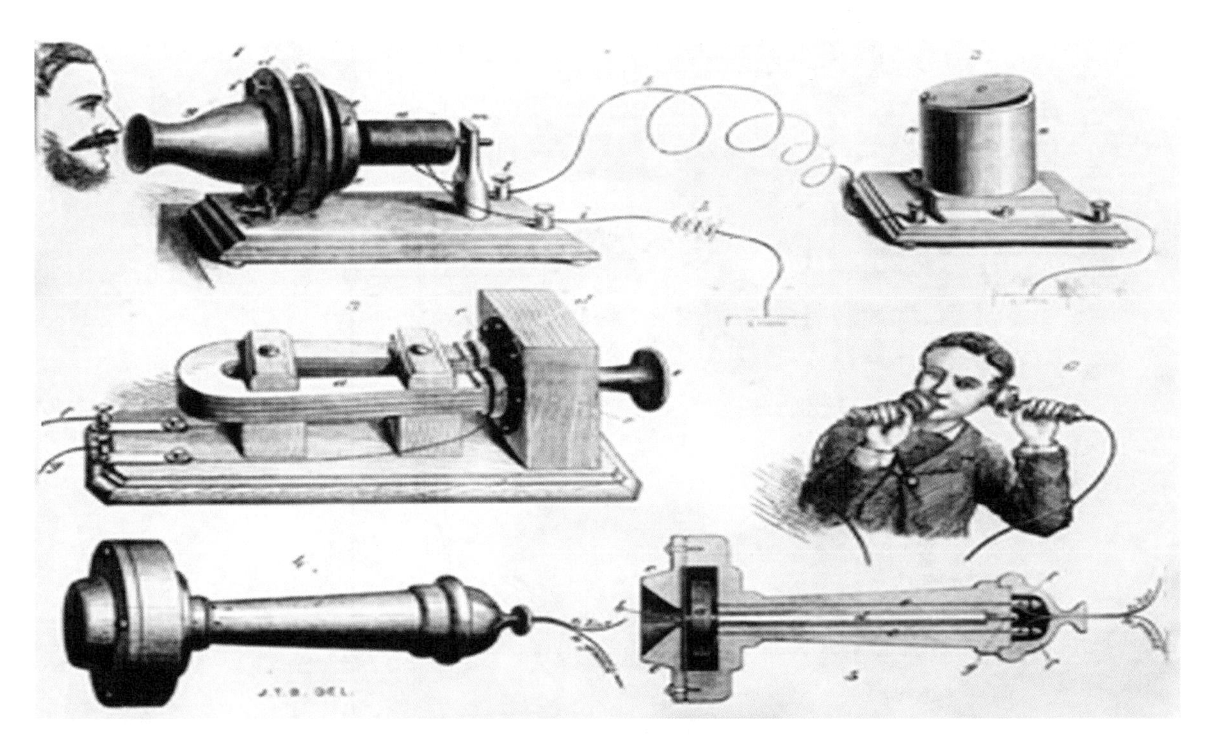

图1-3 1876年世界上第一台电话诞生

图1-4 德雷夫斯设计的世界上第一款现代电话：Model 302

1955年，德雷夫斯撰写了《为人的设计》（*Design for People*）一书，提出将人放在设计的第一位。这本书对如何理解用户需求进行了描述，并且阐述了如何通过设计满足用户的需求。德雷夫斯指出，如果一件产品能够使用户产生购买的欲望，在保证用户安全使用的前提下有更为舒适的使用过程，或者用户通过单纯地接触产品就能够产生积极的情感体验，那么这就是一个成功的设计。相反，如果不能通过设计将产品与用户很好地连接在一起，那么这就是一个失败的设计。

另外，德雷夫斯认为，设计必须符合人体的基本需求，根据人而设计的机器才是最高效的。因此，德雷夫斯对人体的数据及比例进行了相关的分析研究，并在1961年出版了《人体度量》（*The Measure of Man*）一书。该书将人体工程学原理运用到设计领域当中，帮助该领域的学者们理解人机工程学的基础。此书的问世代表着德雷夫斯成为人机工程学的奠基人。

## 3. 人机工程学——用户界面的发展

1970年，帕洛阿尔托研究中心[1]（PARC，Palo Alto Research Center）成立。成立这个研究中心的初衷是打造一个具有未来概念的办公室。在20世纪70年代中期的研究中，帕洛阿尔托研究中心产出了直到目前仍在使用的用户界面标准，如图形用户界面、鼠标和计算机集成的位

① 帕洛阿尔托研究中心研发了个人电脑、激光打印机、鼠标，以及图形用户界面、Smalltalk、图标、下拉菜单、文本编辑器、语音压缩技术等，是许多现代计算机技术的摇篮。

图图形等。帕洛阿尔托研究中心的研究成果对后来的第一个商用图形用户界面Apple Macintosh产生了极大的影响。作为施乐最出名的研究机构，帕洛阿尔托研究中心为随后大范围普及的个人电脑的设计形态和交互逻辑定下了基调。鲍勃·泰勒[①]（Bob Taylor），作为一名心理学家和工程师，带领着他的团队构建出了在人机交互领域最重要也是最普及的工具，包括图形化界面（GUI）和鼠标（如图1-5所示）。

① 鲍勃·泰勒（1932—2017），被誉为"美国互联网的先驱"，为个人电脑以及其他相关技术曾做出重大贡献。

图1-5 鲍勃·泰勒团队设计的图形化界面（GUI）和鼠标

史蒂夫·乔布斯（Steve Jobs）和比尔·盖茨（Bill Gates）先后访问了帕洛阿尔托研究中心，了解了鲍勃·泰勒的设计，为今天的苹果和微软开辟了通向未来的道路。

20世纪70年代以后，人类进入人和机器的智力对话阶段。随着计算机和自动化技术的发展，"人与机器"的对话逐渐变成了"人与计算机"的对话。计算机的自动化与智能化程度不断提高，人逐渐从操纵者变成了监控者，人机对话也逐渐演变成人与"具有与人类有类似思维能力的智能系统"的对话。

在这个时期，心理学也逐渐从行为主义的研究思路中脱离出来，认知心理学成为心理学的主流，将人类行为的基础心理机制作为主要的研究对象。基础心理机制的核心是内部的心理过程。认知心理学的基本思路，是将人看作一个信息加工系统，认知的过程就是信息加工的过程，包括感觉输入、编码、储存和提取的全过程。这其实是一个完全模仿计算机工作原理的模型，将人的认知加工过程类比于计算机的信息加工过程。

随着人工智能的发展，我们目前已经能够进行比较初级的人（智能）机对话了。例如，苹果公司开发的“Siri”创造了新的语音对话界面。和Siri的对话，很像跟人的对话，双方都能使用自然语言，而不是冷冰冰的命令。自然高效是人机对话，也是用户界面的发展方向，最终目标都是使产品与服务更加贴近人的使用需求。

从注重交互效率的“机器中心论”到意识到“人是设计的第一位”，再到不断从人出发，以人为中心设计的用户界面，它们都为用户体验的发展积累着质变的基础。

# 第三节 “以人为中心”
# ——用户体验的正式诞生与发展

用户体验的发展过程，也是人的中心位置不断体现的过程。如果说以人为中心的设计准则是把人慢慢推向用户体验的中心，那么唐纳德·诺曼对“用户体验”的定义，就真正确定了“人”在用户体验中的中心地位。

## 1. 用户体验的诞生

20世纪90年代，认知心理学家唐纳德·诺曼正式提出了用户体验的概念，将狭隘的用户界面研究提升到了一个新的高度。诺曼与用户体验的渊源始于认知心理学。他撰写用户对产品的认知体验的过程激发了他在用户体验领域的灵感。诺曼认为，用户界面的概念较为狭隘，应该有一个能够同时涵盖工业设计、图形设计、界面设计、交互设计等领域知识的系统性的概念。于是一个跨学科的、交叉融合的概念——“用户体验”就这样诞生了。

诺曼指出，设计一个有效的产品，应始于分析用户的需求——用户想用它来做什么，而不是界面上需要呈现的内容。他认为，用户体验的目标不仅仅是帮助企业设计出满足用户理性需求的产品，更重要的是帮助企业设计出能够满足用户感性需求的产品。

诺曼提出了一个有关用户需求的理论，即在产品设计时应该满足用户三个层次的需求——本能层次、行为层次和反思层次（如图1-6所示）。本能层次的需求是指用户初见产品时对产品的认知，因此产品设计者要探究“用户想要什么样的感觉”。行为层次的需求是指用户在使用产品过程中产生的动机，因此产品设计者要探究“用户想要做什么”。把这部分做好，能够使用户通过良好的体验被产品打动。反思层次的需求与用户的长期感受有关，因此产品设计者需要建立品牌价值，探究“用户想要成为什么样的人”。诺曼将用户的需求层次进行划分，实际上也是对用户体验设计提出了不同层次的要求。“本能”、“行为”与“反思”这三个递进的维度是

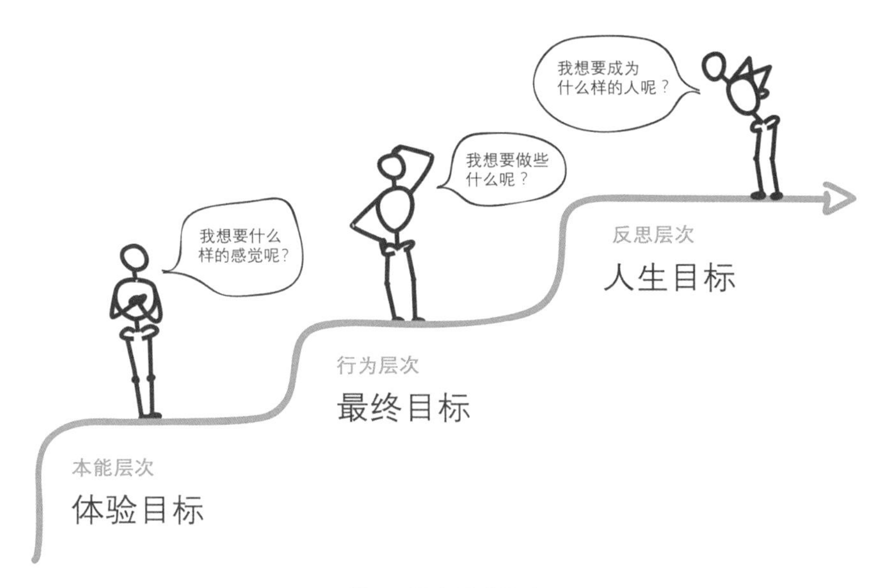


图1-6 用户需求层次

用户与产品或服务的关联由点到面的进阶。

诺曼在他的经典著作《设计心理学1：日常的设计》中将易用性和功能性的设计置于美学之上的理念，至今仍对设计师有巨大影响。后来他加入苹果公司，为公司即将到来的以用户为中心的产品提供研究与设计上的帮助。人们称他为“用户体验设计师”，这是第一次将“用户体验”作为职位头衔来使用。雅各布·尼尔森（Jakob Nielsen）预测，2050年，全球用户体验行业相关从业者将达到1亿人次。

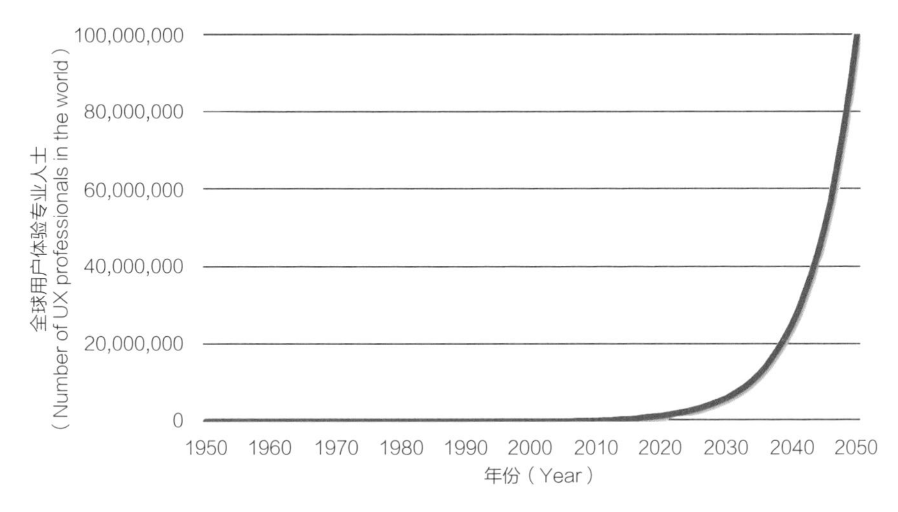


图1-7 雅各布·尼尔森统计的全球用户体验专业人士[1]

① 1950年至2017年的数据是最佳估计数；2018年至2050年的数据是预测数据。

## 2. 用户体验的进阶——改变世界的iPhone

2007年，史蒂夫・乔布斯在MacWorld发布会上揭开了iPhone的面纱。他将它定义为一款“飞跃式的产品”，并承诺它会比当时市场上任何智能手机都易于使用。如今看来，他不仅兑现了承诺，改变了移动设备的面貌，还让苹果公司飞升至今天的地位，成为全世界最成功的公司之一。

第一代iPhone的精髓在于将先进的硬件和软件结合，通过革命性的电容屏技术实现了连接，使其他手机的物理按键显得陈旧过时。iPhone的出现为用户提供了优于同时期所有手机的体验，也在不经意间引发了业界对用户体验的关注。图1-8显示了当时iPhone的使用界面。

图1-8 iPhone的使用界面

苹果公司对优秀用户体验的重视，也为它赢得了大量的市场份额以及与之相匹配的品牌地位。

## 3. 用户体验的可持续发展——从One-Click到Amazon Go

自1995年以来，亚马逊公司便开始通过互联网经营电子商务，到现在，亚马逊已经成为当今世界电子商务B2C（Business-to-Customer）领域里公认的领导者。从某种程度上来说，亚马逊的成功也是一个服务型公司重视用户购物体验的必然结果。亚马逊在电子商务网站的交互方式上的最大创新之处在于“一键式下单”（One-Click）的功能（如图1-9所示）。只要用户提前设置好配送地址和支付方式，即可在任意商品页面体验“一键下单”的服务，在商品页面点击这个按钮，会直接生成一份订单，无须再次填写地址和支付方式。这项功能大大简化了用户下单的程序。亚马逊为此专门申请了专利，之后任何使用一键式下单功能的产品都需要支付专利税，这其中也包括大名鼎鼎的苹果公司。此外，在“用户推荐”“个性化礼物”等其他购物功能的用户体验上，亚马逊也有很多创新，这些在电商网站的交互史上都占据着重要地位。

图1-9 亚马逊的“一键式下单”功能

2017年伊始，亚马逊不再满足于线上零售模式，开始将创新触角伸向线下实体零售店，但不同的是，这是一家没有店员的商店。回顾实体零售行业的发展历史，我们会发现，这不但是一个行业的发展，也是用户体验不断发展的投影（如图1-10所示）。

在最初的柜台销售时期，顾客被隔离在商品区之外，商品选购的自主性大大受限，购买和结账时都需要排队等候。后来出现了货架式选购的购买方式，商品面向顾客开放，顾客的商品选择权大大增加。顾客可以拿起商品仔细查看，并自主选择，比较同类型商品，最后排队结账。如今亚马逊无人便利店（Amazon Go）出现之后，顾客只需要打开与亚马逊无人便利店关联的App，扫一下商店门口的二维码即可进入商店，到货架上随意选购商品。由于大量的传感器会将商品被拿取或放回的信息实时传输到App中，且App绑定了用户的账户，因此顾客可以拿着商品直接走出商店，由App自动完成结算。

这一颠覆性的创新，将消费者选购商品时的自由体验放大到极致，并且将整体流程推向简洁，实现了真正意义上的“去媒介化”。对于用户而言，它将导购、支付等人为介入的环节隐化，实现购物流程中人与商品最直接和纯粹的交互，极大地提高了容错率。这不仅是用户体验的重大创

图1-10 实体零售行业的发展

新，更是商业模式的创造性实践。从为生活中的衣食住行各方面服务，到引领新的产业方向，用户体验从方方面面影响着我们的生活，甚至潜移默化地影响着我们的世界。用户体验的未来必然会继续以用户为中心，结合前沿的科技和商业，创造出更多实用的产品。

# 第四节 学科前沿与前瞻

伴随着互联网的浪潮和商业全球化的大形势，科技正以前所未有的速度向前发展，诸如人工智能（Artificial Intelligence）、增强现实（Augmented Reality）、可穿戴设备（Wearable Device）等新兴科技及产品诞生了，它们不断丰富着这一领域。

## 1. 人工智能

人工智能是研究、开发用于模拟、延伸和扩展人的智能的理论、方法、技术及应用系统的一门新的技术科学，涉及认知科学、神经生理学、心理学、计算机科学、信息论等方面的理论。

虽然科幻电影中经常出现的那些与计算机进行口头互动的场景尚未真正到来，但这个领域近年来在世界各地都有许多新的发展。许多人工智能应用，如Alexa、Siri、Cortana等智能助理，正变得越来越普遍。

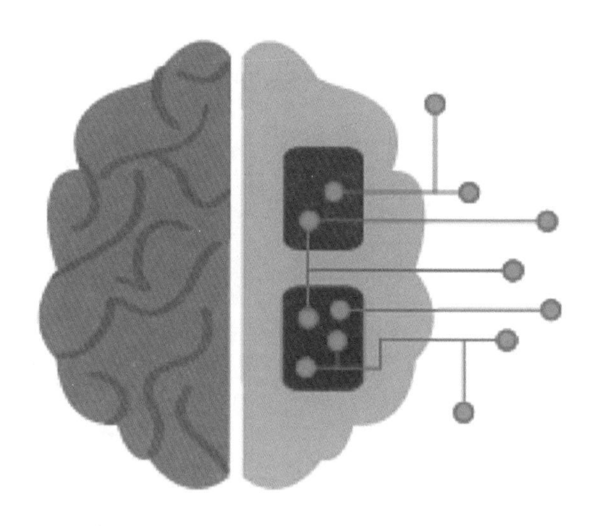

图1-11 人工智能技术

人工智能之所以能够在短时间内得以迅速发展，是因为它在各类智能化服务过程中扮演着非常重要的角色。在各类社交服务平台上，开发者和使用者最注重的就是用户体验。只有具备了良好的用户体验，一款软件或实体产品才能够得到广泛的认可。

研究并应用人工智能技术，是提高用户体验的方式之一，人工智能的参与可以为用户体验的提升带来更多可能。社交平台的研发者和管理者应该更多地站在用户的角度思考问题，通过人机友好的界面以及周到的服务给用户带来最佳的体验与感受。在开放式的网络环境下，人们从被动接受服务慢慢转向了主动选择服务。服务模式开始从以产品为主体向以用户为主体蜕变，这是人工智能行业不断进步的直接体现。提高和完善用户体验，也将成为人工智能行业未来较长一段时间内的研究焦点。

在使用人工智能助理时能够使用自然语言是人工智能从业者和用户体验行业从业者不断追求的目标。语言在本质上是一种社交工具，它最初的目的是帮助我们与其他人交流。那么如何塑造基于自然语言的用户界面交互呢？这是人工智能从业者以及用户体验行业从业者需要思考的问题，也是当前人工智能研究中面临的最主要的问题之一。

值得注意的是，用户十分清楚地认识到他们正在使用的智能助手并非十分完善。虽然人们不一定能够完全正确地理解它的局限性，只是将其视为一种替代的计算机工具，但就目前来看，现存的人工智能助手远远没有达到愿景中的未来状态。相对于人工智能助手，用户会更倾向于选择一位人类助手。科幻电影中的情节丰富了人们关于人工智能的认识，如今人们能够轻松地使用计算机语音进行一系列复杂的交互（特别是涉及解释、判断或意见的任务）。即使供应商对现有系统进行了优化改进，用户在使用新系统时也并不能完全发现升级以后的不同。

在一些调查中，我们注意到用户仅访问智能助手中可用功能的一小部分，并且他们甚至经常不得不为此记住查询方式。如果某供应商要提供全新的功能，一般都会稍显困难，因为大多数用户都会忽略关于新功能的教程、说明书或提示内容。如果运用已有的系统提高人工智能的实用性，又会面临一个巨大的挑战，那就是如果用户要习惯他们的新系统，就需要对当前已经习惯的图示进行更新。换句话说，早期发布的低可用性智能助手可能会阻碍公众未来流畅地使用功能完善的智能助手。

## 2. 增强现实

《精灵宝可梦GO》[1]（Pokemon GO）和《色拉布》[2]（Snapchat）

① 《精灵宝可梦GO》：一个将增强现实技术应用于游戏的成功案例。玩家通过开启智能手机的摄像头，在现实世界里发现精灵，并进行抓捕和战斗。

② 《色拉布》：一个“阅后即焚”的照片分享平台。用户将拍摄的照片、视频等文件分享给该应用“好友列表”中的联系人。这些照片及视频被称为“快照”，用户称自己为“快照族”。

等热门应用程序将“增强现实”这个术语带到了聚光灯下（如图1-12所示）。2016年7月，《精灵宝可梦GO》的母公司尼提工作室（Niantic Labs）报告称，仅《精灵宝可梦GO》每天就有1000万美元的收入，这一数据证明了增强现实功能完全可以在主流市场取得成功。色拉布则结合各类节日推出特定的AR滤镜。

增强现实技术是指将现实世界与虚拟世界相结合，通过实时输入来创建输出的技术。该技术将虚拟世界的数据与真实世界的交互元素相结合，从而达到对现实世界增强的目的，并且使虚拟世界的数据能够动态地响应其变化。

增强现实技术不同于虚拟现实技术，后者是将用户与真实世界隔离开来，并向他们展示一个完全虚拟的环境，该环境主要由人为制造的元素组成。例如，科幻游戏或人类心脏巨大模型的演练，都是虚拟现实技术的经典例子。虽然如此，虚拟现实技术和增强现实技术都可以帮助用户与虚拟的数据进行实时的交互与响应，从而打造沉浸感。

其实增强现实并不是一个新概念，生活中经常用到的“停车辅助系统”（如图1-13所示）就是经常被忽视，但却广泛存在的例子。它的运行原理很简单，即计算车辆与周围障碍物的距离，并结合方向盘的位置，从而确定车辆的行驶轨迹，之后将车辆与障碍物的接近程度与轨迹的符号叠加到安装在汽车尾部的后置摄像头采集到的视频中，通过这样的反馈来增强该外部输入。

图1-12 《精灵宝可梦GO》与《色拉布》界面

图1-13 丰田普锐斯的后置摄像头后停车辅助系统

究竟增强现实技术是如何丰富用户体验的可能性的呢?

增强现实系统的接口是非命令用户界面的示例，它借助计算机系统收集的环境信息来完成任务，而非传统地通过提供明确的命令来完成任务。为了解释当前背景并起到“增强现实”的效果，计算机需要在后台分析大量来自外部的输入信息，并对其进行操作或提供可操作的信息（如图1-14所示）。

例如，一家名为Waverly Labs的创业公司生产了一款名为“The Pilot”的耳机。它的特点是能够“主动”倾听另一种语言，并实时翻译成当前用户直接使用的语言。当附近的人说话时，用户不需要唤醒听筒识别信息，耳机能够智能地不断转换现实世界的语音输入信号，并根据当前情境进行翻译。

作为一种非命令的用户界面，增强现实系统为改善用户体验提供了极好的机会。现在让我们一起设想这样的场景：在机舱内部，一位飞机维修工程师正在狭小的空间里匍匐前进。为了对飞机进行细致全面的检查，并且准确记录各零部件使用的时间，他维持这样的状态已经很久了。由于他所使用的辅助修理系统依旧是传统的、基于屏幕的用户界面，因此这位工程师必须通过使用智能手机拍照或纸笔记录的方式记录这些零部件编号，然后访问手机或计算机系统，以确定该零部件已运行的时长。这样的工作

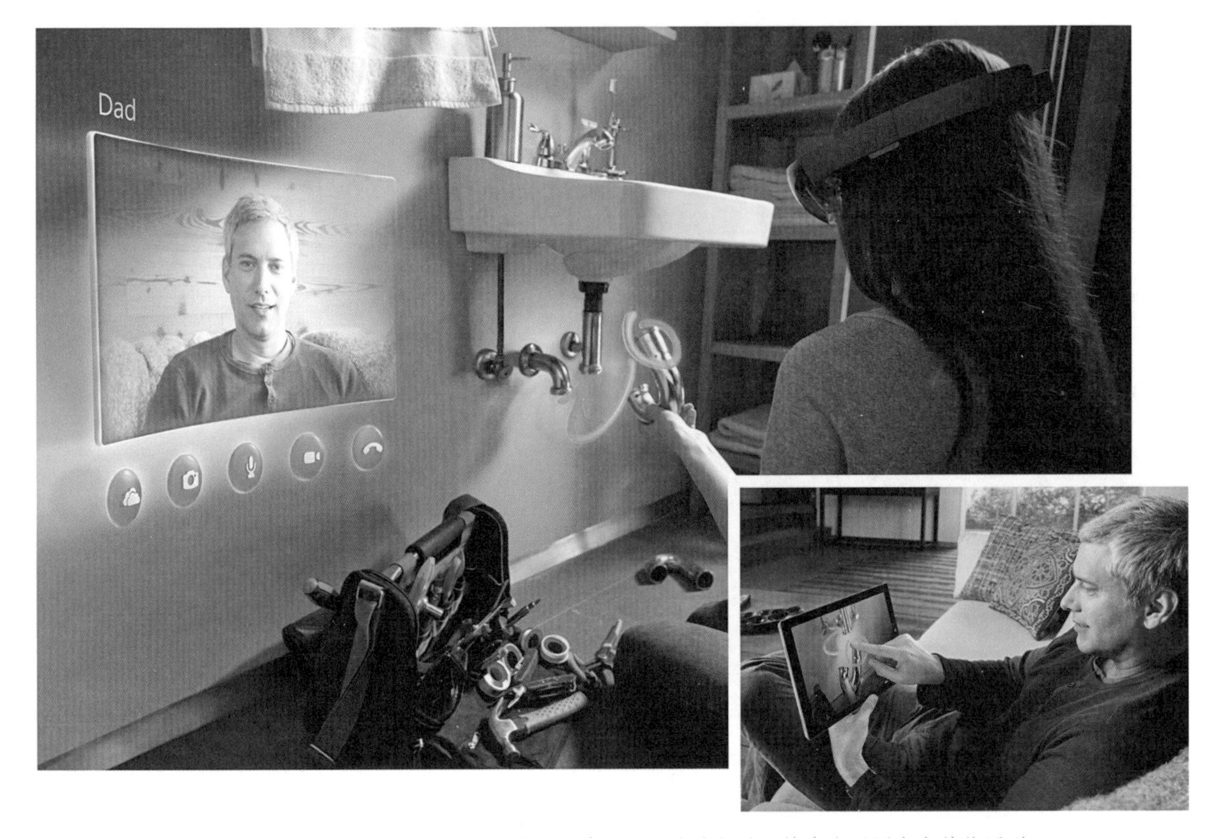


图1-14 使用微软的HoloLens，用户可以在不同用户感知的环境中应用图表和其他图形

流程对于工程师而言无疑是痛苦的。有什么好的解决办法能够有效提高飞机维修工程师们的工作效率，并且提升他们的工作体验呢？

或许借助搭载着增强现实技术的产品能够解决这一问题。在工程师进入机舱进行例行检查前，他会戴上拥有增强现实技术的眼镜，这时呈现在他眼前的，除了熟悉的大小零部件之外，还有出现在零部件顶端的服务记录，这些记录是经过分辨计算后实时显示的结果，因此整个过程几乎不需要用户下达任何指令。这些出现在物理界面上的信息将会极大地改善工程师被“囚禁”在狭小的空间内检查问题零部件的工作，这一过程再也不需要借助过多的外部设备或工具，系统会自动将当前信息存储并上传。这样一来，工程师就能够有更多的精力去开展其他工作。当有预警信息出现时，工程师能够针对出现的问题或在事故发生之前进行快速的反应和诊断。

以下我们总结了增强现实技术能够真实提高用户体验的三种方式。

（1）降低执行任务的交互成本

在提升飞机维修工程师工作体验的这个流程中，增强现实技术可以保留当前环境中的相关信息并实时显示相关数据，且无须用户进行任何操作，而传统技术则需要采取可能会相当费力的显式操作来完成对信息的访问和交互过程。增强现实系统的接口中，几乎不需要有任何来自用户的命令，甚至不需要用户共同参与工作，因为增强现实系统能够自动根据外部环境的需要进行适当的操作。

（2）减轻用户的认知负荷

在没有增强现实系统帮助的情况下，飞机维修工程师在工作中不仅要记住如何在手机中或电脑上查找有关零部件的信息，还要记住与零部件相对应的编号，将它们写下来或借助某些外部记忆的工具进行辅助记录。这种方式本身就会增加很多无用的交互成本。相比之下，增强现实系统自动显示有用的零部件信息这一功能就显得尤为“智能”。工程师们终于无须再将零部件编号编码至工作记忆，或者花大量精力保存到其他媒介上了。

（3）组合多个信息源并最小化注意力阈限

使用传统系统时，飞机维修工程师如果要“保存”零部件编码，并使用不同的系统来查找之前的历史记录，就必须将关注点从飞机切换到外部信息源。但搭载着增强现实技术的产品可以将两个信息源结合，使相关的历史记录直接显示在对应零部件的顶端。这样直观的显示方式极大地减轻了工程师的认知负荷，使他们不需要耗费过多精力也能够顺利完成复杂的工作。

除了飞机检修的相关工作，生活中还会有许多涉及将多种不同来源的信息结合到一起的复杂工作，如做手术、撰写报告等。如果能够将增强现实技术应用于这些场景当中，一定是用户体验的又一次重大飞跃。但是，单纯地将增强现实技术运用到生活或办公情境当中就不会产生任何问题吗？

以上内容可以说是极为理想的状态，它的发生是以用户所使用的界面有着良好的交互为前提的。在这种情况下，飞机维修工程师可以及时且清晰地在每个零部件旁看到自己需要的信息。而一个忽视用户体验的系统，会因为信息太多或显示混乱而使用户耗费更多的时间与精力去从众多未经分类的信息中挑选出自己所需要的。这样一来，增强现实技术的应用不仅没有帮助人，反而增加了超出原本工作量更多倍的工作。

这样看来，良好的用户体验源于对用户需求的密切关注。我们确信，在未来的几年甚至十几年当中，一定会出现许多使用着先进的增强现实技术而用户体验却依旧糟糕的产品。

总而言之，增强现实技术在最近几年取得了巨大的成功。随着与这项技术有关的新奇想法的不断涌现，相信在不久的将来，增强现实的定义一定会比现在更加丰富。

### 3．可穿戴设备

可穿戴设备是指能够直接穿在用户身上，或是整合到用户的衣服以及配件内部的一种便携式的电子设备。目前市面上常见的为头戴式设备、腕带式设备以及身穿式设备。

头戴式设备，如谷歌眼镜、索尼智能头戴设备等，都是这一方面相对具有代表性的产品，其特点是可以根据用户头部的相关运动数据，在用户的自然视野中呈现相关信息。

以三星智能手环、苹果智能手表（如图1-15所示）为代表的腕带式设备的典型特点就是犹如表盘一样大小的显示屏。这类设备可以根据用户的肢体动作，配合智能应用程序的使用与用户发生交互，这类设备也是当前市场上竞争最为激烈的产品。

身穿式设备主要与日常服饰相结合，如阿迪达斯超新星女士内衣、耐克+（Nike+）运动鞋等。它的显示屏较小或者不具备显示屏，主要通过一系列传感器，感应用户身体信息及肢体动作。

目前，可穿戴设备大部分是电脑、手机等终端的附属设备，这一技术还有很多潜在的价值等待被开发。可穿戴设备的产业链涉及软件平台与硬件厂商。谷歌在2014年3月推出了Android Wear智能平台，它与Android平台一样都是开放性的平台，允许第三方加入并进行兼容设备的

图1-15 苹果智能手表

生产。这些平台具有强大的数据挖掘与分析能力，也有安卓生态的“免费开源”。对于硬件商家而言，这是一个绝好的机遇，能够通过无线传输技术，实现可穿戴设备与各个平台的连接，使可穿戴设备更加轻便、微型，是可行性极强的发展方向。

可穿戴设备，顾名思义，是要穿戴在人们身上的，因此必须要适应用户的需求。例如，应该不会有人愿意整天和冰冷的机器生活在一起，所以友好的外观至关重要，它能够缓解用户与电子产品发生接触时产生的负面情绪。又如，可穿戴设备的外露部位要与用户的整体形象相协调，并尽量做到“百搭”，至少不应该在穿戴后显得突兀等。因此，设计人员在设计过程中要充分考虑用户群体的特征与需求，在保证其功能的同时兼顾时尚性，进行新颖、独特的外观设计。

当前，通过可穿戴设备采集到的数据越来越多，完全达到了实现长期跟踪的要求。从这一点入手的可穿戴设备产品公司正在强化对这些数据的分析、研究与处理，未来也将紧紧围绕人类健康，开展各项数据的分析工作。

今后，结合对人类身体的监测结果，可穿戴设备会逐渐由最初的简单信息采集发展到为服务嫁接产品。例如，利用可穿戴设备，医疗系统可以对用户的身体状况进行及时监控与分析，并预测用户未来一段时间内的健康状况，从而对某些疾病起到预防作用，甚至能够在紧急事件发生时启动自动救援服务。总而言之，提供系统的健康服务会成为可穿戴设备的必然发展趋势。

随着可穿戴设备的发展，语音识别、体感捕捉器、眼动仪等设备的功能也在不断完善，逐渐能够使用户通过非接触的方式完成操作，大大提升了用户的使用体验。不过需要注意的是，为确保操作安全，杜绝因非接触操作失灵而产生的事故，在关键环节的操作上，用户体验设计师仍然需要设置物理操作的交互方式，如开机、求救、复位、关机等。

更有意义的一点是，可穿戴设备能够为一些特殊群体和特殊行业的用户提供专业服务。人们只要对设备进行一些细小的改动，就能实现特定的功能。例如，学校在使用谷歌眼镜时，如果将其安装在教学专用的系统内，谷歌眼镜就无法连接到搜索引擎或社交网站上，这样就可以避免它在学校无线网络外的网络环境下运行。教师在前往教室的同时能够同步进行相关资料的查询工作，这样就极大地节省了教师在电脑前查阅资料的时间；在解答学生问题时，系统也会将该学生的有关资料及时推送给教师，包括成绩、专业、优势学科等，教师可以根据这些信息进行有针对性的教学。

目前，随着人们生活水平的提高，饲养宠物成了越来越多人的选择，但也会出现很多新的问题，如宠物丢失。如今市面上已经有很多能够佩戴在宠物身上的防丢器，这类产品将定位系统与手机终端相连接，实现了宠物所在位置的实时反馈。另外，在设计时，精美的外观固然重要，但要真正保证产品的销量，推动产品的开发，设计师就必须要做到深度挖掘用户的需求。目前，可穿戴设备未能得到大范围应用的一个重要原因是其功能只是对智能手机的延伸，而并没有将其真正存在的意义凸显出来。

与其他设备相比，可穿戴设备的优势在于能够直接与身体接触，因此开发与医疗保健有关的功能也是极具发展前景的项目。可穿戴设备在这一点上具有天然的优势。目前的可穿戴设备只能作为对人体基本的健康指数进行检测的工具，如血压计、体温计等，最多加上运动指数检测、定位等功能，以实现健身追踪、健康检测等数据可视化。相信在未来，设计师能够根据不同人群来制定个性化的产品。例如，针对患有糖尿病的用户，可以根据其血糖数值，制定科学的食谱，或者针对长时间身处户外的用户，能够结合气象信息以及用户当前的生理指标，向用户提示涂抹保湿乳或防晒霜等护肤产品。除此之外，可穿戴设备还可以向娱乐化方向发展，因为它们具有支持多媒体文件播放、摄像等功能。因此，用户体验设计师可以结合情境感知等创新性技术，为用户提供更好的多媒体体验。

### 4．用户体验的未来

用户体验进化史上的每一步都是科技与人类交互的缩影。随着科技和互联网进一步融入我们的生活，越来越多跨学科的奇思妙想被激发出来，包括用户研究、平面设计、交互设计、软件开发，等等。

Indeed.com的一项用户体验相关职位的研究显示，在用户体验领域，每15天就有超过6000个岗位待填充。在国内，用户体验行业正在为社会提供越来越多的工作岗位。越来越多的高校开设用户体验专业或课程。由此可见，今后也将会有更多的年轻人进入用户体验领域，从事相关工作。互联网将不再局限在我们的笔记本电脑或智能手机里。通过可穿戴甚至可植入的设备，我们将会处于一种始终在线的状态，这又为用户体验设计师提供了全新的切入点，即以此为基础，设计一种全新的交互方式，超越形态的因素，直指最终目标——改善人类生活，为世界带来更好的用户体验。用户体验是科学技术与工业设计发展的必然结果。随着科技的高速发展，人类会逐步进入智能化社会，而用户体验的思维方式也必然会被大范围推广开来。随着人工智能、增强现实等新兴科技的发展，用户体验行业的各个细分领域也将会越来越健全。未来人们的审美体验、人机交互方式、操作形式等都会出现全新的改变，这也必将会进一步推动用户体验迅速、长久地发展。

用户体验行业曙光初现，前景可期。

# 扩展阅读——与大咖面对面

## 唐纳德·诺曼：如何在设计领域找到一份工作或学习机会

唐纳德·诺曼是美国认知心理学家、计算机工程师、工业设计家，关注认知科学、人类社会学和行为学的研究。他主修工程学和社会科学，在学术界和工业界都享有极高的荣誉。2002年，他获得了由人机交互专家协会（SIGCHI）授予的终身成就奖。他是尼尔森·诺曼集团咨询公司的创办人之一。诺曼曾在很多公司和教育机构担任董事和理事，如芝加哥设计学院、西北大学和苹果公司。他的代表著作包括《设计心理学1：日常的设计》《设计心理学2：与复杂共处》《设计心理学3：情感化设计》《设计心理学4：未来设计》等。

经常有人问我，怎样能找到一份工作或者找到一个可以学习或做研究的地方。他们基本上这样提问："我是一名学生（或者一个热衷于这一领域的爱好者，但是没有相关从业经验），我想知道该如何起步。我该怎样找到一份工作呢？我是否需要一个本科学历？如果真是这样，我该去哪里寻求这样的机会呢？"

答案很简单：你要么具有实际工作经验，要么具有本科学历，或者两者兼有。我不能告诉你该做什么，你应该从了解你的人那里听取建议，这样的建议才是中肯有用的，因为他们知道你的兴趣所在、学识多少以及技能高下。我不可能通过一两封电子邮件就对你的个人情况了如指掌。因此，去你当地寻找一些在这方面有所建树的导师，寻找你所信赖的专家学者，参加一些圈子聚会，或者从杂志上随时了解知名人物动态，然后给这些人写封信，谈谈对他们当前作品的看法。

工作：

大多数的工作要求你要么具有工作经验，要么具有本科学历，所以你一定要尽力找到一份相关工作。话虽然这么说，但还是强烈建议你攻读研究生学历。

大多数设计类院校需要申请人具备行业经验和个人作品集，这样才能参与他们的毕业项目。但如果你所接受的培训并非设计领域的，那么你如何能有一个作品集？关于这方面的培训背景缺失，你又该怎样弥补呢？

其实你并非一无所有。首先花一些时间浏览相关的设计网站：

- SIGCHI（Special Interest Group on Computer-Human Interaction）：人机交互专家协会
- HFES（Human Factors and Ergonomics Society）：人因工程及人体工学社区
- IDSA（Industrial Designers Society of America）：美国工业设计社区
- CORE77 Industrial Design Magazine + Resource：工业设计在线杂志

此外还有很多其他网站，只不过这些都是我最常登录的。虽然它们都基于美国本土，但是网站上有一些链接可以将你引导到全球范围的组织分区。此外还提醒你，还有很多其他行业相关组织，这只是我个人推荐的四个适合新手入门的网站。它们都能为你提供很好的建议，而且上面有很多适合新手学习的参考资料，也是志同道合者的一个交流平台。你还能借此寻找工作。很多网站还为学生提供免费参加讨论会的机会。你可以在每个网站上看一下所在地区重要学术会议的日程表。这些会议是交流沟通、寻求建议的好机会，你甚至有可能在此找到你的第一份工作。每个网站上还有其他行业相关网站友情链接列表，尤其重点看一下HCI（Human-Computer Interaction，人机交互）网站的列表。

学校：

想知道学校的情况，最好的办法就是问一下那个学校的既往学生，或者浏览该学校的官方网站，也可以亲自去那个学校走访一下。

相关的学校列表包括：

- http://www.hcibib.org/education/
- http://www.hfes.org/web/Students/grad_programs.html

注意：这是一份不完全名单，有一所名为IIT设计研究院的学校不在上述名单中，但是这所学校却是我极力推荐的。这所学校之所以榜上无名，是因为它并非一所传统意义上的人机交互、人机工程或工业设计领域的院校，但是它对于设计者而言，确实是世界范围内的一所一流院校。

此外还有很多名校。对于人机交互设计者而言，卡内基·梅伦人机交互研究院是一个不错的选择。如果你对现代设计感兴趣，可以考虑伦敦皇家艺术学院以及荷兰代尔夫特理工大学。此外，加利福尼亚大学圣地亚哥分校的认知科学系能够为学习设计者提供一条基于理论的途径。很多学校的专业化方向不同，有的是设计，有的是工业设计，还有的是交互设计或图形设计。有些是独立的院校，有些是隶属于传统大学的设计研究所。在传统大学当中，人机交互专业通常隶属于计算机科学系或者心理学系。

然而值得注意的一点是，传统设计院校在很大程度上关注绘图和建模的能力，而对以人为中心的设计或交互方面的指导少之又少。如果你想设计一把椅子，他们教的内容足够了，但如果你想做城市规划或者设计一套保健体系，甚至一套融合了技术、界面以及对使用群体及使用流程全面理解的医疗设备，我就不能向你推荐基于艺术设计的传统院校了。

这些学校学费昂贵，大多数院校学制最短为两年，如果你没有相关背景的话，也许要三年。关于这个我实在无能为力。学费固然昂贵，但是毕业生认为这笔钱物有所值。假以时日，你将会从稳步提升的薪水以及炙手可热的工作机会中收回这笔开支。

图1-16 唐纳德·诺曼到访北京师范大学心理学部用户体验研究中心

起步并非易事，特别是在设计领域中一些培训准则尚未完善的当下。很多公司尚无法理解为什么他们要接二连三地聘用设计人员以及究竟该聘用何人，但这些障碍从另一方面也可以被看作积极的信号：你是设计行业一个新兴领域的入行者。也许现在你不得不为巩固在该领域的地位而呕心沥血，但迟早有一天，你会成为这一领域的领军人物。

唐纳德·诺曼到访北京师范大学心理学部用户体验研究中心，并提出了以用户为中心的四大准则，即为人而设计、解决正确的问题、系统性思维、不断学习并迭代。

图1-17 交流合影

里程碑式的体验创新的背后，除了新技术的渗透，更多的是先进的设计方法论以及对全新商业模式的突破。用户体验的意义正在于此。对于科技企业而言，用户体验不仅仅是商业价值的直接载体，更是能够直接触及用户的终端。对于用户而言，用户体验既是能够投射个人需求与期许的媒介，又是达成行为目标的路径。因此，我们需要全方位地考量人与产品、服务体系以及环境之间的关系。

# 第一节　用户体验的定义、层级和品质

要对“用户体验”下一个定义，我们可以先对这个词进行拆分，以便更好地理解。“用户”可以被理解为这是以人为中心的设计，而“体验”则没有这么容易解释。在生活中，我们无处不谈“体验”，却又很难对其进行描述，不妨尝试再次进行拆分，将“体验”分解为“体”和“验”。为了帮助进一步理解，我们可以将“体”扩充为“体察”，将“验”扩充为“验证”。因此，“体验”可以被理解为亲自验证后获得知识经验的过程。当我们提到用户体验时，不得不提“设计”的概念。究竟什么是真正的设计？与分析“体验”相同，我们可以将“设计”分解为“设”和“计”，将“设”扩充为“设定”，将“计”扩充为“计算”。因此，“设计”可以被理解为按照任务预先设定的目标及要求，经过构思、计算后制订方案与计划，并产出相关图样的过程。

## 1. 用户体验的定义

“用户体验”的概念无论是内涵还是外延都十分丰富。1999年，第一次出现了有关交互系统的以人为中心的设计过程（Human-centered design）的国际标准——ISO 13407-1999。这一标准于2019年被修订，并更名为ISO 9241-210：2019。

“用户体验”，亦即以用户为中心的设计，被国际标准定义为：用户在使用或预计要使用某产品、系统及服务时，产生的主观感受和反应。第一，用户体验包含使用前、使用时及使用后所产生的情感、信仰、喜好、认知印象、生理学和心理学上的反应、行为及后果。第二，用户体验是指根据品牌印象、外观、功能、系统性能、交互行为和交互系统的辅助功能以及以往经验产生的用户内心及身体状态、态度、技能、个性及使用状况的综合表现。第三，如果从用户个人目标的角度出发，随用户体验产生的认知印象和情感可以被算在产品可用性的范畴内。因此，产品可用性的评测标准也可以用来评测用户体验的各个方面。

扩展阅读：

1. 以人为中心的设计适用依据（如图1所示）

1）容易理解也容易使用，可以缩减培训费用等。

2）减少用户的不满，减轻设计团队的压力。

3）改善品牌形象，扩大竞争优势。

4）为可持续发展做出贡献。

5）提高设计成果的可访问性。

6）提高用户的工作效率和组织的运作效率。

7）提升用户体验。

图1 以人为中心的设计适用依据

2. 以人为中心的设计原则（如图2所示）

1）设计要基于对用户、工作及环境的明确理解。

2）用户需参与从设计到开发的整个过程。

3）设计需经用户反复评测，不断地改进并精益求精。

4）设计需全程考虑用户体验。

5）设计团队需掌握多重技能并具备开放视角。

6）流程可反复进行。

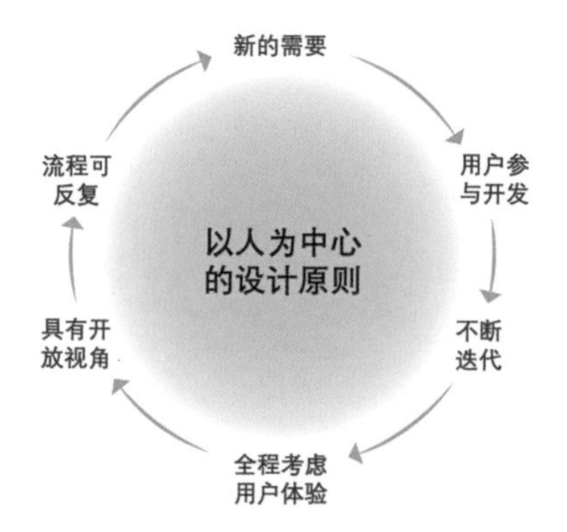


图2 以人为中心的设计原则

## 2. 用户体验的层级

杰西·詹姆斯·加勒特[1]（Jesse James Garrett）首次提出将用户体验划分为五个层级（如图2-1所示）。在这种划分方式中，用户体验的层级由低到高依次为战略层、范围层、结构层、框架层和表现层。每一层都有其相应的组成部分与重点，并且随着层级的上升，决策的方式逐渐具象化。这是关于用户体验最早的分级方式，也是一种较为传统的分级方式。

战略层是产品设计的开始，也是产品设计的根本目的，直接来源于用户需求与产品目标。实际上，战略层会从宏观上统筹整个产品的定位，甚至能决定产品的类型是功能型还是信息型。

范围层决定产品应该包含的功能。对于不同类型的产品，范围层有不同意义的任务。对于功能型产品来说，范围层的任务意味着创建产品的功能规格，而对于信息型产品来说，范围层的任务是厘清需要呈现的内容需求。在范围层对产品的需求进行优先级排序和挑选后，我们对产品所包含的特性有了一定了解，但是这些功能或内容需求还是分散的，我们需要在结构层对它们进行整合。

结构层相对于框架层较为抽象，我们可以将其理解为“连接”。框架层是针对单页面的结构设计，而结构层则是将单页面连接在一起，从而形成系统。功能型产品在结构层中需要关注交互设计，而信息型产品的关注点则在于信息架构。交互设计关注影响用户行为和完成任务的元素，信息架构则关注影响信息传达的元素。不论是交互设计还是信息架构，都强调产品元素的模式和顺序。

结构层的目的是确定产品将通过什么方式来运作，而在框架层，我们需要对在结构层形成的产品架构进行提炼，确定界面的呈现方式及导航的形式，并进行信息设计，目的在于明确使用什么形式来实现结构层的产品架构，将晦涩的结构变得有血有肉。合适的框架布局方式能使用户快速地找到目标内容，甚至让用户仅使用一次产品就能够记住或在潜意识中习得产品的操作方法。

表现层是指将产品的内容、功能和美学汇集到一起的最终设计。这一层的目的是解决产品框架层逻辑排布的感知呈现问题，满足用户的感官需求。表现层是产品设计的最后一层，决定着产品最终将如何被用户通过感觉器官感受到。这些感受由视、听、触、嗅和味五感构成，其中视觉是最重要的。视觉是图形界面表现层最关注的五感之一。研究人员可以使用眼动仪记录用户在使用产品时的视觉动线，以此来验证设计是否能成功地引导用户按照设定路径移动，进而优化设计，以提升包括流量转化率、对象

① 杰西·詹姆斯·加勒特：用户体验咨询公司Adaptive Path的创始人之一。之前曾在AT&T、Intel、Boeing、Motorola、Hewlett-packard等公司任职。由他设计开发的“视觉词典”（The Visual Vocabulary）是一个为规范信息架构文档而建立的开放符号系统，在全球各个企业中得到了广泛应用。

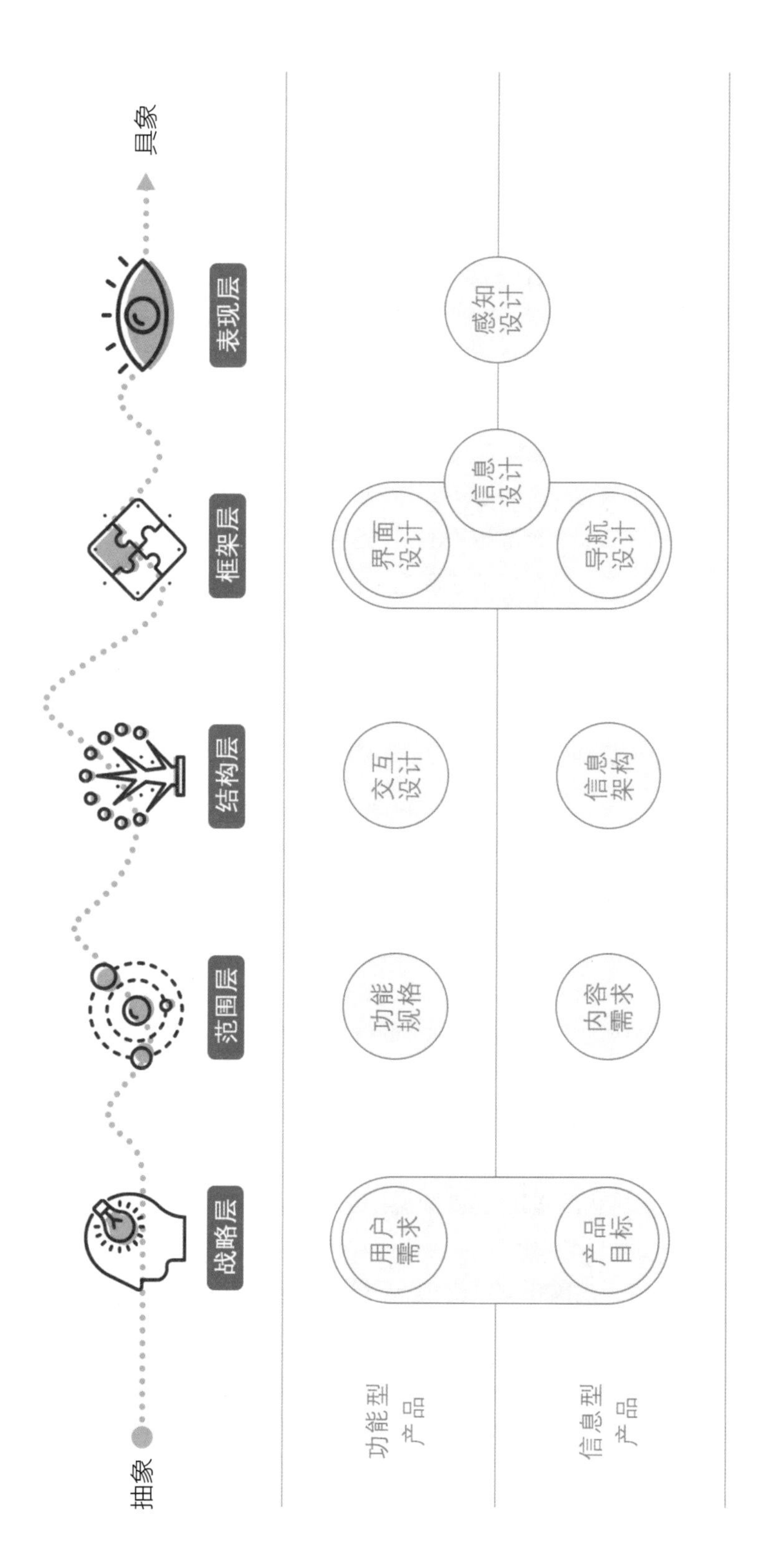


图2-1 用户体验的五个层级

停留时长等一系列体验度量指标。

五个层级由低到高依次递进，由抽象走向具象，形成连锁效应。它们之间存在时序关系，但又彼此作用。以用户为中心的设计强调用户参与设计的过程，这其实也是对用户体验要素的补充。在以用户为中心的设计思维的指导下，这五个要素不再是递进的流程，而是循环流动、彼此影响的。

这种分级方式一经提出，便得到了众多用户体验设计师的认可，并在很长一段时间内定义着用户体验的工作。但随着用户体验行业规范的不断完善以及相关研究的不断深入，原有的分级方式显示出一定的局限性。

唐纳德·诺曼曾在他的书中提道："我们只设计有用的、容易理解和使用的产品是不够的，我们所设计的产品还要给人们带来快乐、愉悦感和乐趣，当然还要给生活带来美的享受。"这句话也给了新的分级方式一些指引。如果从任务和经验这两个方向出发，我们可以将用户体验分为六个层级（如图2-2所示）：

第一，功能性。运用新技术，产品涵盖用户所需要的主要功能，且在使用过程中没有故障、错误或中断等情况发生，具备基本的可访问性。

第二，可靠性。内容实时可靠，数据清晰准确，即使在高峰期系统也能够正常运行。

第三，可用性。用户能够没有任何困难地使用产品。用户在使用过程中不会感到困惑且学习曲线很短，并且能轻松找到他们感兴趣的内容或产品。

第四，便捷性。用户在多数情境中对产品都有强烈的使用意愿，且便

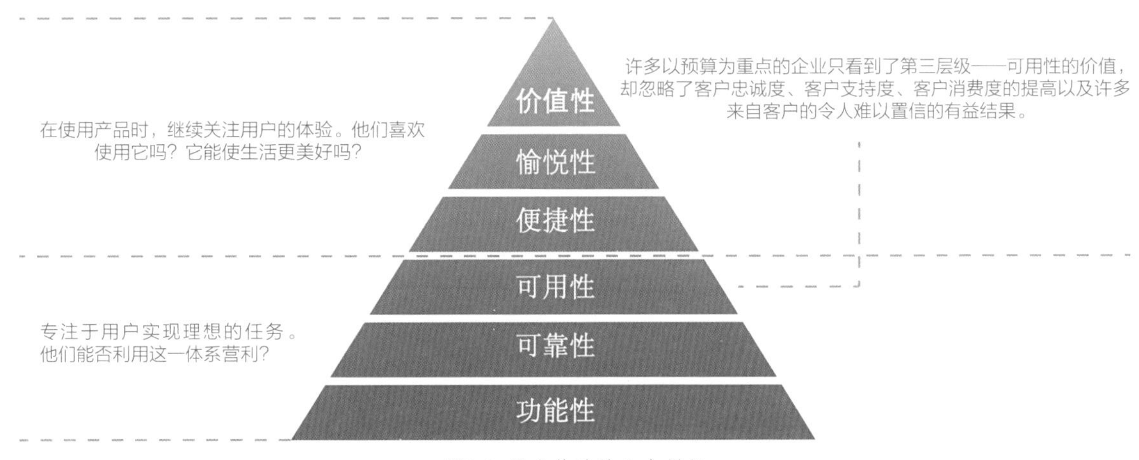


图2-2 用户体验的六个层级

于获得。

第五，愉悦性。当用户的情绪、体力、智力甚至精神达到某一水平时，意识中所产生的美好感觉是产品用户体验评价的一个重要指标。

第六，价值性。产品被用户所接受并喜爱，能够为其生活带来意义，具有个体价值或社会价值。

习以为常的失败案例：

（1）令人头疼的搜索引擎

登录某家电商的官网搜索产品名称时，搜索到的全是产品宣传广告。如果产品名称里有英文字母，检索时即使只搞错了一个字母的大小写，也会显示“搜索不到您想要的产品”。

（2）烦琐的订单页面

某网店的订单页面里需要客户填写的内容有20项，而且对每一项填写内容都有严格的要求。比如，邮政编码里请不要加“-”，日期必须要凑足两位（如09/22）等。更过分的是，如果输入有误，在按下提交按钮后，就会逐个弹出提示每一个错误信息的对话框。

（3）没法后退的网站

使用某金融机构的网站搜索门店时，会弹出专用的小窗口，只不过，这个小窗口上没有任何返回键或返回链接。如果用户在搜索过程中不小心弄错了什么，是无法退回到上一步的，只能从头再来。

## 3．用户体验的品质

用户体验的品质是指人在使用、体验产品设计的过程中产生的属性，这种属性只有通过积极地与产品、系统或服务交互才能够得到体现。确定产品设计的交互品质有助于为我们在概念设计阶段提供思路，在产品开发阶段提供依据，在产品可用性评估阶段提供衡量准则。

一般而言，用户体验设计师用形容词来表述用户体验品质，但是描述和定义用户体验品质的方式不是固定的，需要依据具体的设计项目的关注点（如情境和目标用户）来制定。表2-1为读者提供了一些描述用户体验品质中交互品质的常用词语。

表2-1 描述交互品质的常用词语

| | | | | | |
|---|---|---|---|---|---|
| Balanced<br>平衡的 | Cheerful<br>高兴的 | Committed<br>坚定的 | Conscious<br>自觉的 | Controlled<br>可控制的 | Determined<br>下决心的 |
| Elegant<br>优雅的 | Engaging<br>有趣的 | Explorative<br>探险的 | Focused<br>全神贯注的 | Friendly<br>友好的 | Honest<br>诚实的 |
| Intense<br>十分强烈的 | Lively<br>活跃的 | Natural<br>自然的 | Passionate<br>充满激情的 | Personal<br>个人的 | Polite<br>礼貌的 |
| Presumptuous<br>放肆的 | Profound<br>深刻的 | Relaxed<br>放松的 | Respectful<br>尊敬的 | Restrictive<br>约束的 | Rude<br>粗鲁的 |
| Stable<br>稳定的 | Straightforward<br>直率的 | Stressed<br>有压力的 | Stubborn<br>顽固的 | Surprising<br>吃惊的 | Tender<br>轻柔的 |

迅捷的交互品质一般与“省时、即时、反应快和响应时间短”相挂钩。具有这一品质的操作包括在iPad上通过按住图标来任意排序，拖动文件到Dropbox中即时分享等。有趣的交互品质一般与“有趣的内容、非同寻常、绝非无聊、自由和令人大吃一惊”相挂钩。具有这一品质的操作包括下拉iPhone列表来更新消息，摇晃Wii控制器来玩游戏等。合作的交互品质与“团队工作、控制和自动化，以及自我控制的程度”相挂钩。具有这一品质的操作包括在诸如阿里巴巴这样的网站上淘得一辆二手车，和朋友联手与其他虚拟玩家在网上对战等。表达的交互品质与“（输入）选择的自由和顺畅快速的响应”相挂钩。具有这一品质的操作包括摇晃iPod来重新排列歌曲播放列表，敲击手机上的多点触控屏幕来取代在传统电脑显示器上点击鼠标等。响应的交互品质与“交互的直接性和无障碍使用的能力”相挂钩。具有这一品质的操作包括当互联网掉线时可以直接点击“重新加载”图标来刷新页面，横扫手机屏幕可以流畅地浏览联系人列表等。灵活的交互品质与“规定、限制、可用性、物理位置”相挂钩。具有这一品质的操作包括阅读电子书时横向滑动屏幕可以前后翻页，纵向摇动手机可以更换电子书等。更加详细的说明可见系列丛书之《交互品质——用户体验程序与方法工具书》。

# 第二节　用户体验的跨学科性

① 前田·约翰，致力于将设计与技术相联系，并提倡优雅、简约的理念。

世界知名设计学院罗德岛设计学院的前校长前田·约翰[①]（John Maeda）提出了TBD大设计理念，并指出这将成为企业的核心增长驱动力。TBD大设计是指科技（Technology）、商业（Business）和设计（Design）三者之间的融会贯通，是设计的发展趋势。对比2017年阿里巴巴提出的"全链路"设计要求我们可以发现，这两者都说明无论是创业公司还是成熟企业，都需要对每个关键节点进行设计，以此来提升各阶段的用户体验，从而提高产品的商业价值和社会价值。

## 1．当心理学遇上设计、科技和商业

阿里巴巴取消了对"UI""交互"岗位的招聘，取而代之的是"全链路设计师"一职。"全链路设计师"参与整个商业链条，洞察每一个可能会影响用户体验的地方，并提供相应的用户体验提升方案，在满足商业目标的同时，提升产品的设计质量与用户体验。终端的升级带动着体验的升级。"全链路设计师"的概念体现了用户体验这一学科交叉融合的特点（如图2-3所示），包括用户（生理和心理）、设计（设计品质）、科技（可解决方案）和商业（商业目标）。

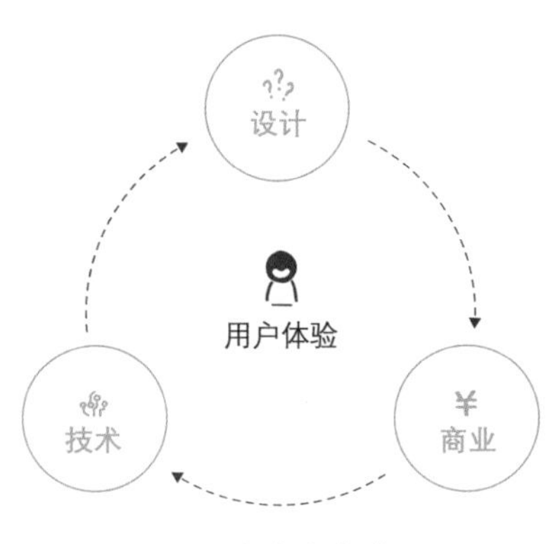


图2-3 用户体验关联因子

（1）以心理学为前提

心理学作为用户体验研究的重要理论基石，在研究前期起到了举足轻重的作用。用户在与产品或服务发生关系的整个流程（前期、中期与后期）中，构建了一个复杂的心理过程，同时心理活动又反作用于用户与产品或服务的交互，这期间涉及多个心理学细分门类的研究对象，如工程心理学、社会心理学、认知心理学等（如图2-4所示）。工程心理学的应用可以使用户体验设计师更加关注用户的生理特点，从而设计出符合用户使用习惯的产品或服务。社会心理学的应用会使用户体验设计师探究群体因素对用户决策所产生的影响。认知心理学的应用会使用户体验设计师考虑用户的认知特点，从而设计出符合用户认知行为的产品或服务（如图2-5所示）。

（2）以设计为基础

加勒特指出，用户体验可以分为战略层、范围层、结构层、框架层、表现层五个层级，这要求用户体验设计师能依次深入，思考并实现自身的构思。除了战略层（对产品的总体商业价值和逻辑进行把握）和范围层（确定产品的功能）外，其余层级（结构层、框架层和表现层）均与设计活动紧密关联。首先，在结构层对产品进行信息架构和交互设计；其次，在交互设计的基础上对整个原型进行设计（框架层），包括导航设计、界面设计和交互细节的设计；最后，主要进行视觉设计（表现层），此阶段的输出物为视觉设计稿和高保真原型。

由此可见，设计活动是用户体验设计最为核心的活动，它将产品或服务从虚拟的概念推向功能的聚合体，再根据功能集搭建产品的骨架，填充血肉，最后精雕细琢呈现给用户。用户体验设计是根植于传统设计的，但从更宏观的角度来看，用户体验的研究内容扩充了设计的外延——设计对象不再局限于产品或服务的形式或内容，而是系统地衍变为人的行为、人与社会的关系等。又或者说，我们对设计的认识通过用户体验又上升了一个维度，同时也更接近设计的本质。因此，用户体验扩展了设计的定义，不仅仅局限于产品或服务。

（3）以科技为依托

科技与用户体验的关系是相辅相成的，它们之间的相互促动使彼此都释放出新活力。随着科技的发展，用户对产品的体验的敏锐度越来越高，对产品的要求也越来越高，新科技的出现成为用户体验发展的重要基石。

2007年1月，第一代iPhone由苹果公司发布，屏幕采用了电容式触屏技术。这项技术是基于FingerWorks[1]技术的发展而产生的，使得iPhone的触屏具有热感功能。用户可以使用一指或多指在屏幕上进行多点触控和

① FingerWorks：特拉华大学的两名技术人员韦恩·韦斯特曼（Wayne Westerman）和约翰·伊莱亚斯（John Elias）在工作中发明了多点触控技术。不久之后，他们注册成立了FingerWorks公司并开始创业。

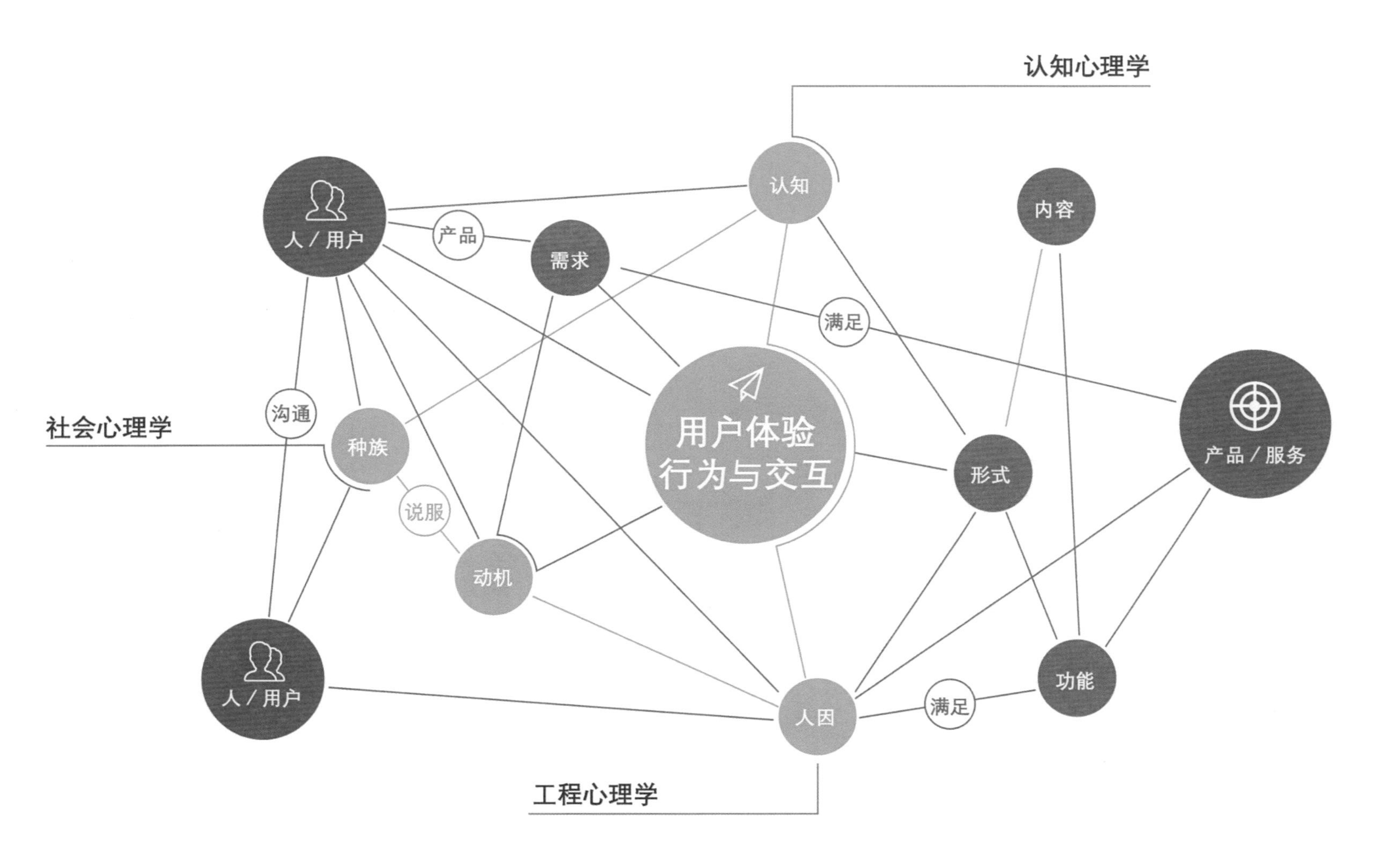


图2-4 心理学与用户体验

## 认知心理学与用户体验

用户体验设计师了解用户在认知过程中的各个阶段对输入的信息的操作和处理方式以及一系列行为反应，设计出使用户快速注意、理解、使用和记忆的产品。

**“我眼前的是啥？”**

— 认知系统启动用户的注意、感官

**“我一会儿上数学课可以喝点牛奶补补脑子！”**

— 用户在大脑中形成心理模型

**“哟呵，这牛奶的包装盒长得很是不错！”**

— 用户利用感官收集产品的外观、材质等信息

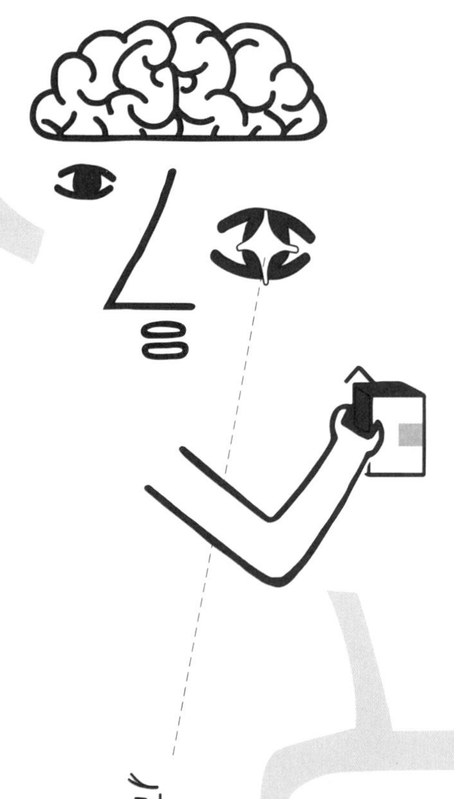

## 工程心理学与用户体验

用户体验设计师使产品和服务的设计与用户的身心特点相匹配。

**“这个牛奶盒是根据我的手来设计的耶，舒服！”**

— 提供用户的生理数据

## 社会心理学与用户体验

用户体验设计师分析行为背后的原因及社会环境对用户的影响，促使用户与产品进行交互，并产生相应行为。

**“哇！阿喵在喝这个牛奶耶！咦？阿如也在喝！阿美也在喝！我不管，我也要尝尝！”**

— 用户使用产品的行为受社会环境的影响

图2-5 心理学与用户体验实例

手势操控。正是由于这项技术的应用，智能手机才得以井喷式发展。电容式触屏技术的成熟、电子芯片运算速度的提升、硬件容量指数级扩容，衍生出了五彩斑斓的应用市场，使得移动应用开发和使用形成了完整的生态，进而为用户创造了层出不穷的奇妙数字体验。

（4）以商业为导向

斯坦福商学院敏锐地嗅到了用户体验设计的巨大商业价值，开设了以“从洞察到创新”为主题的设计思维训练营，学习内容包括以用户为中心的思维、原型驱动的设计思维、用户体验设计的方法与工具，等等。同时，哈佛商学院的I-Lab（实验室）增加了培养学生创新型的设计思维与问题解决思路的课程。创新型的问题解决思路强调以人为本，关注点聚焦于用户的需求和动机。该课程主要是为了引导学生通过深入了解特定情境下的用户需求，制订与用户需求相契合的解决方案。创新型的设计思维和问题解决思路是与产品设计相关性最高的技能，可以被运用于产品的设计流程、商业模式的构想、企业管理以及策略的制定中。

用户体验的意义随着社会与商业的发展不断得以验证，之前被认为是产业竞争中追求差异化的形式，后来成为一个富有竞争力企业的商业战略的组成部分，最终能够成为企业文化，影响企业的生产标准。用户体验设计可以是胜过竞争对手的一个工具。企业可以将用户体验整合在产品生产和设计过程中以及企业发展商业战略中，以用户体验设计驱动创新，从而发现新的市场和经营模式，创建成功的商业模式。以用户为中心的设计理念可以帮助企业实现为利益各方创造价值和探索商业机会的目标，为产品的设计与开发提供更加客观的依据和更具针对性的指导，为商业模式增加新动力。

## 2. 基于心理学方法洞察用户

用户体验研究方法有一部分取材于心理学研究方法，如实验研究法、问卷调查法、访谈法，等等。在用户体验研究中，实验研究法（如图2-6所示）是指通过对不同的变量进行控制，研究自变量和因变量之间的关系，甄别哪一种设计方法对产品的产出更有效，衡量哪一种设计的用户体验更好。用户体验中的A/B测试采用的就是实验研究法，是针对web端和移动端设备的测试方法。测试者根据用户使用产品时的即时数据对产品设计进行评价并做出决策。

问卷调查法（如图2-7所示）是用户体验研究中常用的一种量化研究方法。调查者通过调查收集大量的用户样本并进行统计学分析，了解用户的行为和心理特点。

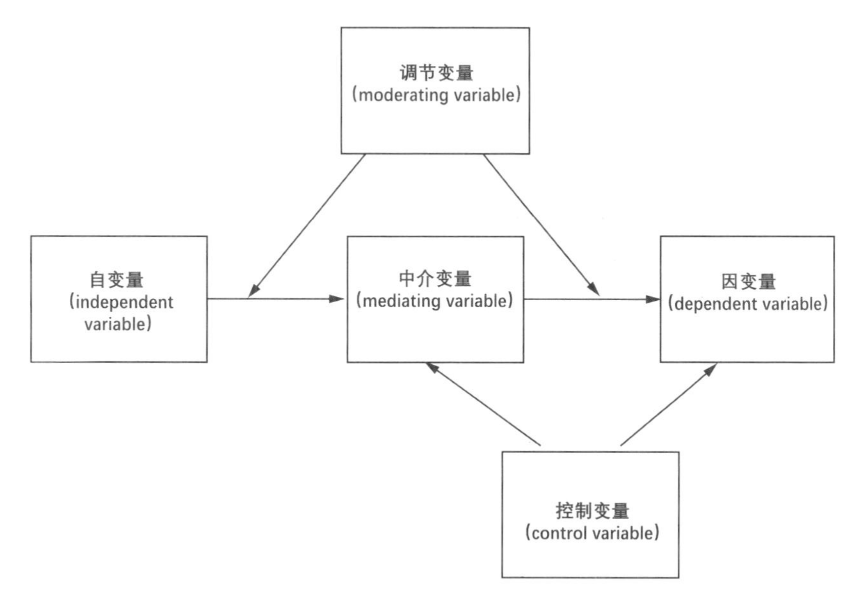


图2-6 实验研究法

图2-7 问卷调查法

在用户体验研究中，研究员往往需要深入目标用户群体内部进行访谈、观察，听取用户内心的真实声音，找到他们行为背后的动机和原因。在这个过程中，研究员一般会结合量化的数据了解用户的行为、动机和需求，这会为用户体验设计锦上添花。

图2-8 访谈

心理学与用户体验研究紧密相关。在研究用户体验的过程中，研究员一直在努力探索用户的心理模型，从而设计出符合用户认知行为的全流程体验，同时也在研究人—机—环境三者的相关关系，从而设计出更符合用户使用习惯的产品或服务。

（1）对外部世界的认知

用户通过认知系统的运作，利用感知觉和注意等认知过程，收集产品或服务的外观、材质、文字、图像等信息，再结合产品的外部环境信息和自身以往使用产品的经验，经过大脑的处理，形成自己的心理模型。用户根据心理模型在大脑中模拟产品功能，通过情境、操作方式，推理产品是否满足自身需求，以及是否与自身特定的社会形象相符，并基于此进行一定的判断和决策。

在研究用户对产品的认知过程中，认知心理学扮演着不可缺少的角色，包括对用户的注意、感知觉、表象、记忆、语言、思维等方面的研究。信息加工理论，作为认知心理学的核心，将人看作一个信息加工系统，认为人脑对信息的加工过程与计算机处理信息的过程类似，包括感知觉信息的输入、表征、计算或处理、转化、储存和提取的全过程。为了能够让产品与用户的真实心理模型更接近，用户体验研究员应该将用户对产品的认知过程分解为一系列阶段进行研究，了解用户在认知过程中的各个阶段对输入信息的操作方式和处理方式以及一系列行为反应，从而为用户体验设计师开展设计提供参考资料，使其能够从产品的色彩、形状、材质、技术、功能等方面出发，设计出使用户能够快速注意、理解、使用和记忆的产品或服务，以及能够被用户认可的产品或服务。

认知心理学理论在用户体验中其实是随处可见的，唐纳德·诺曼在《设计心理学》中就提到了很多关于认知心理学的名词。例如：

第一，心理模型。心理模型是指人们在遵循生活中的某些习惯或经验的过程中建立起来的心理状态。用户体验设计师在界面设计中会遵循用户的心理模型，按照用户所在世界中事物的特征进行概括性设计。苹果公司在最初的界面设计中就采用了拟物化的设计方法，目的是让用户拿起手机第一眼就能够按照自身已有的心理模型理解各个图标的功能。经过使用和学习智能手机系统，用户已经熟悉了拟物化图标的功能，并形成了拟物化图标功能的心理模型，然后随着图标向扁平化转变，用户的心理模型也不断简化和改善，慢慢地将关注点聚焦到产品的用户体验上来。从这个例子可以看出，用户体验设计师可以按照用户原有的心理模型进行设计，之后还可以重塑、改善用户的心理模型。（有关心理模型的内容将会在第三章中继续讨论）

第二，视觉与注意。用户体验设计与视觉和注意是息息相关的，如格式塔心理学中的图形与背景、接近、相似、闭合、连续、简单、均衡原理均对图形界面设计产生了巨大的影响。

（2）对心理模型的探索

用户对产品或服务形成心理模型后，通过使用产品或接受服务，以及与产品或服务发生交互，来满足自身的需求。如果产品或服务能够满足用户的需求，用户会愿意继续与产品或服务发生交互，这正是社会心理学中的“强化”概念。但如果产品或服务一直不变，用户会产生厌倦心理，强化效果会下降，这时就需要更好的产品或服务来满足用户需求，所以现在的产品和服务都会不断地更新迭代。

用户使用产品或接受服务的行为是在一定的社会环境下产生的，同时受到社会环境的影响，如人与人之间针对产品或服务的沟通可能会改变某个用户对产品或服务的态度。社会心理学研究人在社会情境下的行为和社会影响对个体的作用，研究的目标是科学地描述、解释、预测和控制人的社会行为。

在用户体验研究中，对人的社会行为的了解能够帮助用户体验研究员了解用户行为。用户在不同的情境下会产生不同的行为，每一个行为都会有相应的原因及影响因素。在产品或服务的设计和开发过程中，用户体验研究员应该了解在不同社会情境下不同用户产生的不同行为，分析行为背后的原因及社会影响的作用，从产品的功能、界面设计等方面入手，指引用户与产品或服务进行交互，促进用户产生相应行为。在产品或服务的宣传和运营上，用户体验研究员需要洞察用户的购买行为，了解用户发生购买行为的情境，分析购买行为背后的推动因素，从而使用户体验设计师以此为依据设计出符合用户心理期望的产品或服务，使用户与产品或服务产生一定的情感联结，提升用户的购买欲望。

用户体验中涉及的社会心理学核心概念主要包括以下三个：

一是说服。说服是指运用各种信息改变他人态度或行为的方式。有研究表明，有吸引力的人对用户有巨大的说服力，用户在使用产品或接受服务的时候就更容易产生认同感。例如，很多广告中会邀请明星等公众人物代言，这就是应用了说服的理论。

二是从众。从众是指用户在群体压力下做出的态度上的改变，并伴随着行为方式的改变。例如，在网站中，研究如何利用群体的力量吸引更多的用户关注。

三是动机。动机是指一种由目标或对象引导、激发和维持个体活动的内部动力，主要包括受用户自身兴趣或使命感驱动的内在动机和受奖励等外部刺激诱发的外部动机两种。在产品或服务的用户体验研究中，研究如何激发用户的内部动机和外部动机，有利于提高产品或服务对用户的吸引力，培养用户对产品或服务的心理黏性。

（3）“人—机—环境”系统探索

工程心理学可以为用户体验工作的开展提供设计基准，并作为研究工具对用户体验设计方案或策略进行验证。工程心理学知识可以为人机交互提供有力的数据（用户生理和心理方面的）支撑，使产品或服务的设计与用户的身心特点相匹配，同时可以提高用户使用生产工具时的工作效率，从而推动生产力的发展。

工程心理学可以被称为“应用实验心理学”。它以“人—机—环境”系统为对象，研究系统中人的心理特征、行为规律以及人与机器、环境之间的相互作用。与之相近的学科包括人机工程学、人因工程学等。工程心理学更偏重于使用实验研究法来探索硬件或软件产品中的人因。图2-9是利用工程心理学测量得出的人处于坐姿时的相关尺度数据（包括视觉俯仰角、手臂自然操作高度范围、手指自然点选范围等）。在将坐姿用户作为设计对象时，这些数据将成为设计的基准。

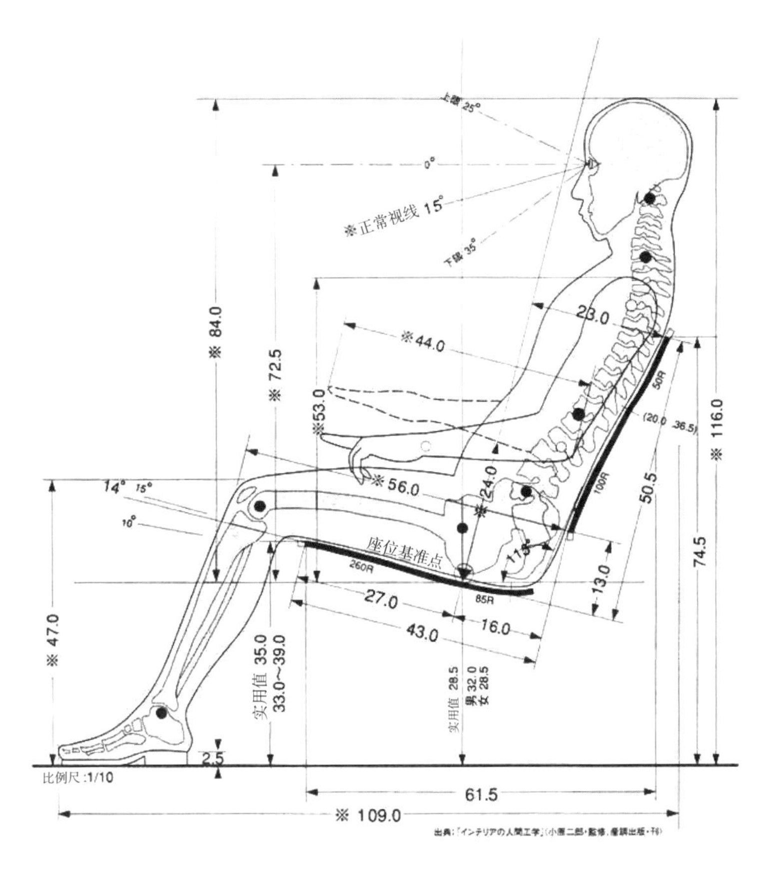

图2-9 工程心理学中的人体测量示例

## 3．科技激活用户体验发展

用户体验与科技的结合，在拓宽了用户体验研究领域的同时，也为科技行业注入了新的血液。

（1）将科技策略注入用户体验设计

用户体验设计的发展历程分为三个阶段（如图2-10所示），分别是传统设计阶段、设计思维阶段以及计算设计阶段。根据美国最大的风投公司凯鹏华盈公司①（KPCB，Kleiner Perkins Caufield & Byers）在2017年发布的《科技中的设计（2017年度报告）》中的介绍，传统设计是由工业革命推动的，目标在于运用正确的方法和程序打造产品和物件，增加消费者对产品的接受度和使用量，从而获得更高的效益。随着产品复杂度的提升，聚焦于用户需求的设计思维受到越来越多的关注，驱动力转化为满足用户个人需求的同理心，在设计中添加“以用户为中心”的元素，创造更大的商业价值。设计思维的关注点在于根据用户需求，同时站在企业的角度制定产品策略。正确的策略能够为产品设计提供更有效的指引。

① 凯鹏华盈公司：成立于1972年，是美国最大的风投基金，主要承担各大名校的校产投资业务。

当下我们处在计算机、互联网技术飞速发展的时代浪潮中，计算设计时代到来了。计算设计是指将科技策略运用到用户体验设计的过程当中。传统的设计师依赖于直觉或经验来解决设计问题，而在计算设计中，设计师通过计算机语言对设计问题进行编码，对用户的需求进行大数据分析，做出预测与估计，并在产品中融入合适的科技来满足用户需求。

马克·扎克伯格（Mark Zuckerberg）在动态信息流（News Feed）开发中采用了EdgeRank推荐算法，以量化的方式描述用户的“兴趣”并进行排序，向用户推荐最符合用户需求的个性化信息，极大地帮助用户过滤无用的信息，有效地解决了信息过载给用户带来的阅读压力，并创造了一种“整个世界都为你而转”的阅读体验，这恰恰符合了人们的一种信息选择的心理机制——选择性接触心理，即人们往往更倾向于接受与自己价值观和自我形象相符的信息。

在计算设计的时代，越来越多的公司利用算法使机器成为实时了解和满足用户需求的有效工具，把科技策略注入用户体验设计已势不可当。

（2）科技发展推动用户体验发展

网络带宽技术的极速升级，使图像和视频的传输变得简单而低廉，所以图像编辑、自媒体和即时通信日渐风靡。埃森哲[①]（Accenture）发布的《Fjord趋势2017》（*Fjord Trend 2017*）中显示，2013年，96%的成人至少一周打一个电话，而在2016年下降到75%。人们越来越不喜欢基于电话语音的交流，而基于图像的交流方式变得越来越流行，每天至少有2 000 000 000张图片上传至网络。人与人之间的交流方式越来越新颖，越来越多的国际化交流方式出现，如emoji表情的出现、自拍和直播平台的出现都是基于这一强大科技背景的。

① 埃森哲：业务范围包括管理咨询、信息技术和业务流程外包等，通过企业策略、业务流程、信息技术和人员组织的紧密结合，帮助客户实现具有深远意义的变革，提高客户的绩效水平。

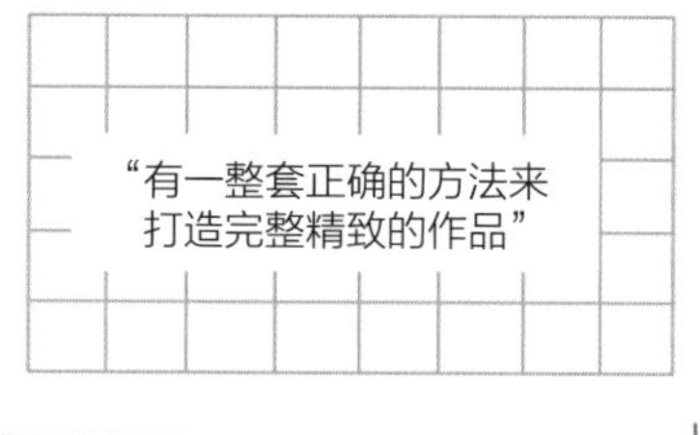


“执行力的重要性超过了创新力并且体验也变得非常重要”

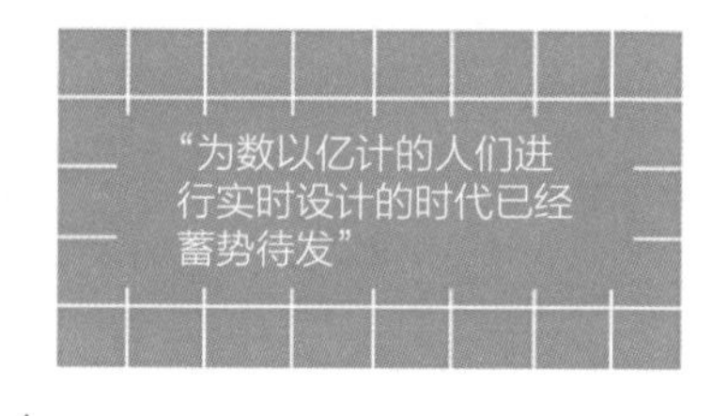


**设计：“传统设计”**
驱动力：工业革命和之前几千年的酝酿

**商业：“设计思维”**
驱动力：满足与用户个人相关的创新需求，要求拥有同理心。

**科技：“计算设计”**
驱动力：摩尔定律、移动计算和前沿科技的影响。

图2-10 传统设计—设计思维—计算设计

北京师范大学中美青年创客交流中心与戴尔（中国）有限公司共同建设的“虚拟现实创客联合实验室”也印证了科技与用户体验的关系。高校的教育应该和业界的实际需求相结合，利用全新的技术提高学生的创新及创业积极性，培养学生的企业家精神，同时也应该利用最新的技术让更好的教育资源惠及更多的地区。戴尔科技集团近年来在先进计算能力、高性能计算架构和信息与图像分析处理等方面具有雄厚的研发力量和技术实力，同时在教育领域也拥有丰富的技术支持方案及经验。此次“虚拟现实创客联合实验室”的成立将利用全新的科技与设备平台，建立创新实践型教育模式，培养创新型研究人才。联合实验室将集教学、科研实践、创新创业服务等功能于一体，面向大学师生及AI研究社区、创客群体等人员开放，以项目组的形式，结合企业的实际需求，开展机器视觉、图像识别、自然语言处理、自动驾驶等与用户体验相关的研究。

（3）用户体验对科技发展提出更高要求

卓越的用户体验是需要强有力的科技来支撑的。用户对产品或服务的期望经常落入技术壁垒范畴。打破技术壁垒或降低科技成本往往是优化用户体验的必经之路。

例如，如今语音交互技术快速发展，出现了如苹果公司的Siri、亚马逊的Alexa、微软的Cortana等语音助手。用户都希望机器能够像人一样理解自己，成为自己真正的助手。目前百度、搜狗、讯飞公司已宣布，各自的语音助手的语音识别率已高达97%。但是，实现语义识别是非常困难的，语音助手很难根据实时的语音情境给予用户期许的正确反馈。例如，用户说，“我要去上海”，如果没有上下文的帮助，机器很难对下一步做出决策，是给用户订机票和酒店，还是查天气。机器很难揣摩用户的真实意图，而且人类语言的情感化表达，会增加语音交互的难度。正是这样的语音交互技术壁垒和迫切的用户需求驱使大量社会资源涌向语义识别的研究中去，从而弥合科技与人之间的沟壑。

## 4. 用户体验赋能商业策略

在寻找商业目标达成与用户需求满足之间的平衡点的过程中，用户体验起到了至关重要的作用。《用户体验要素》一书中提到的位于用户体验五要素之首的战略层就是关注对产品总体方向的把握，包括产品的商业逻辑、商业价值、商业壁垒等。因此，用户体验在初始阶段关注的就是商业，然后才讨论产品所包含的具体功能并开展一系列的设计活动，将商业目标与用户需求打通。

（1）巨大的财富价值

过去，传统设计被认为是增加产品附加值的有力手段，但处在计算设计时代的今天，用户体验产生的不再是附加值，而是直接利润。越来越多的产品或服务并不以实体的形式呈现，越来越多的人会为体验买单。例如，有人会因为某家银行的网点有烘焙甜点售卖而更换开户银行，有人会因为在吃饭的时候喜欢听故事而选择一家火锅店，有人会因为持续的授权软件供应而选择一款硬件。这些打动人的体验足以让用户成为品牌的拥趸。品牌企业也可以通过互联网传播效应获取更多支持者，进而获取巨额商业利润。

爱彼迎（Airbnb）是现在非常受欢迎的全球民宿预订平台，它为旅行者提供多种多样的住宿信息，为空置房屋的屋主提供可观的收益。公司从2008年成立之初的债务累累到2019年第一季度实现94亿美元收入，离不开互联网的发展和科学技术的进步，更离不开爱彼迎对用户体验的重视。通过这个平台，用户可以利用互联网和手中的移动设备，随时随地进行信息筛选及房屋预订。不管是公寓、别墅、城堡还是树屋，它在191个国家的65 000个城市为旅行者们提供数以百万计的独特的入住选择。为了满足所有人的需求（包括行为能力限制者），爱彼迎通过了解各方面的信息来设计更加合理的无障碍环境，让所有人拥有“Belong anywhere”的归属感。由此可见，它是一家十分重视用户体验的公司，我们也可以看到用户体验为公司带来的巨大商业价值。

（2）商业思维

随着社会经济与商业模式的不断发展，用户体验的重要性也日益凸显，从个别企业在产业升级中的独特优势，逐步成为被众多企业认可并接受的商业战略的重要组成部分。用户体验的理念甚至作为企业文化的重要组成部分，直接影响到了企业的生产标准。

用户体验设计之所以能够成为可以为企业带来收益的重要组成部分，是因为其思想被贯穿于产品的研发、设计以及生产过程当中，并和企业发展商业战略融为一体，形成了以用户体验为核心的驱动创新。

# 第三节　相关领域

刚接触用户体验时，用户体验行业从业者会遇到很多神秘的行业名词，如IxD、SD、UI、GUI、HCI、HF、IA等。在此希望大家在步入用户体验行业之前就搞清楚这些名词的含义，从而更加深入地理解用户体验行业，增强对行业的兴趣。

## 1. IxD：交互设计

交互设计（Interaction Design）关注的是行为设计。交互（Interaction）这个词可以被拆分为互相（Inter）和动作（Action）两个词，这个学科的重点是了解目标用户的期望，设计相应的交互行为，并让用户与产品进行有效的沟通。交互设计运用了工业设计理论、视觉设计理论、人机交互理论以及人因工程理论，是一个具有独特方法和实践的综合体。总的来说，交互设计是设定、规划人造系统行为的设计领域，如软件、移动设备、人造环境、服务、可穿戴设备以及系统的组织结构。这些都是具有复杂行为的产品、服务或系统。交互设计的目标是通过交互行为的设计，满足用户对产品或服务的期望与需求。

交互设计的两大核心是用户体验和以用户目标为导向。其中，“用户体验”关注的是需要为用户做什么，而“以用户目标为导向”关注的是如何实现用户目标。在明确目标用户群后，以用户为中心探寻群体的知觉特征、人物画像、使用场景，实现从一个用户特征细节到产品或服务的功能或内容的转变，从而实现用户的目标，这就是交互设计。

（1）目标导向的设计

唐纳德·诺曼提倡“以行动为中心的设计”。这种设计方法强调要先理解行为，其理论基础是俄国的心理学理论——“行动理论”。它强调了用户行动的重要性，但却没有探究用户为什么要执行这个行动。人们对于行动的执行是由目标驱动的，对用户的了解可以帮助用户体验设计师理解用户的期望，从而判断哪些行动的确是和设计相关的。因此，“以目标为导向”与“以行动为中心”不同，“以目标为导向”是以用户目标及其背后的原因以及用户的行动为研究对象的，是一种将用户研究结果转化为产品需求的设计方法。

目标导向的设计方法①综合了以下方面的内容：人种学研究、利益相关者访谈、市场调研、详细用户画像、基于场景的设计，以及一组基本的交互设计原则和模式。这个过程是一个理解、抽象、组织、表示以及细化的过程，大致可以分为六个阶段（如图2-11所示），即研究、建模、定义需求、定义框架、细化以及支持。

① [美] 库伯等著：《About Face 4：交互设计精髓》，倪卫国，等译，北京，电子工业出版社，2015。

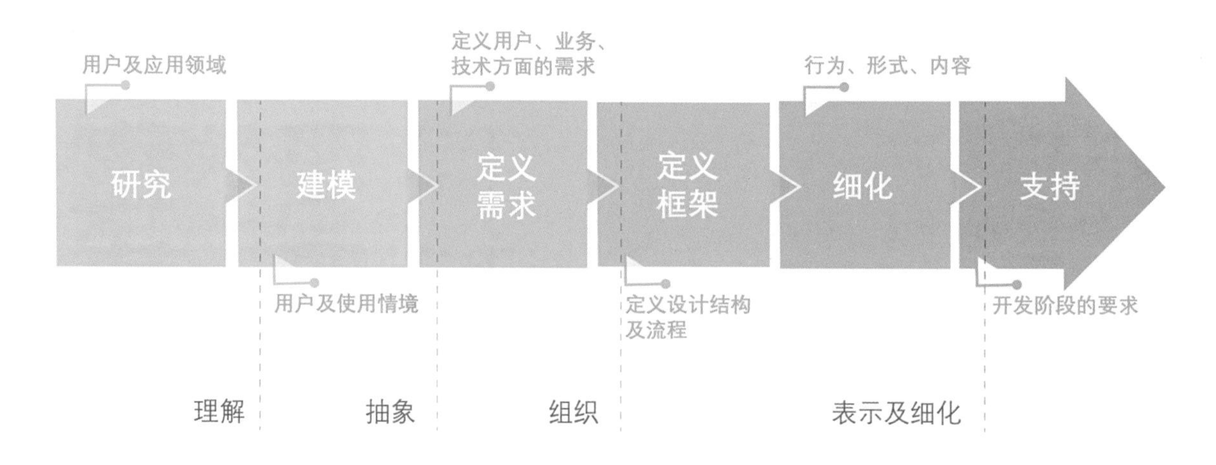


图2-11 目标导向的设计过程

（2）实现模型、心理模型和表现模型

让我们首先来看一个发生在高铁上的例子。图2-12为高铁车厢前端的LED显示屏，内容为列车的时速。这是高铁显示屏上典型的系统状态。但是，用户真正关心的是什么？对于没有参与过列车驾驶的乘客而言，速度并不是他们最关注的信息，而距离下一站还需要多长时间才是他们最关注的信息，因为他们可以根据距离下一站的时间去估算预备下车的时间。用户语言是时间，而显示屏上的系统语言是平均速度，这中间需要用户进行换算才能获取有效信息，无疑给部分用户带来了困扰。

图2-13为丹麦一家酒店的公共卫生间，门把手意在提示用户拉拽门把手可以将门打开，然而当用户直接去拉拽门把手时却无法将门打开。通过阅读张贴在门上的提示牌才知道，远离门的墙面上有门的开关按钮，按下按钮后，门将向内弹开。这个设计有两个缺点：一是忽然向内开启的门容易误伤用户，二是用户操作的反馈与用户预期不符。

从上述两个例子中我们可以看到几个关键词——“系统语言”“用户语

图2-12 高铁车厢内显示屏提示当前车速

图2-13 不好用还危险的门

言”“预期”“提示”，其中“系统语言”属于实现模型，“用户语言”“预期”属于心理模型，而“提示”属于表现模型。这三个模型恰恰证明了人对事物的解读主要根据所接触到的信息，而与事物的真实性往往没有直接关系。这也正是探寻用户需求点的困难所在。

图2-14展示了实现模型、心理模型和表现模型三者之间的关系。

实现模型，也被称为系统模型，是指机器或程序的实际运作方式，它是对“产品如何运作”的描述。对于软件产品而言，实现模型描述了代码实现程序的细节。对于硬件产品而言，实现模型描述了通过工程技术实现产品功能的方式。在高铁的例子中，系统采集了列车的时速，这属于实现模型。设计师按照自己的逻辑编写每个功能的代码或设计基础结构，这样设计出来的产品缺少用户实用的连贯机制，容易使用户感到迷惑。

心理模型，又叫心智模型，是指用户对机器或程序运作方式的理解，它是对“用户如何理解产品的运作”的描述。在高铁的例子中，用户的心理模型是“通过获得距离下一站所需的时间来估算预备下车的时间”，用户对所感所见进行理解。

表现模型，是指将机器或程序的功能展示给用户的设计，它是对“如何通过设计引导用户理解产品”的描述。在数字世界里，用户的心理模型和实现模型往往是截然不同的，用户体验设计师通过构建表现模型联通实现模型和用户的心理模型。如果说一个产品的表现模型能够很好地贴合用户的心理模型，用户便可以顺利地使用产品，而不需要理解产品的内在运行机制。反之，用户则需要付出更多的认知成本和学习成本。在高铁的例子中，用户的心理模型是“通过获得距离下一站所需的时间来估算预备下车的时间”，而显示屏上的信息却是列车的时速，用户需要进行一定的换算，很难直接按照心理模型对显示屏上的信息进行理解。

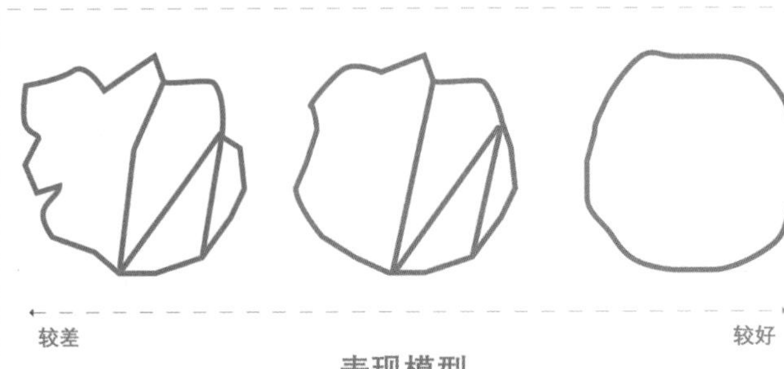

图2-14 实现模型、心理模型和表现模型之间的关系

在iOS系统（如图2-15所示）中，当用户输入的登录密码有误时，密码输入框会左右抖动，像极了现实生活中的人在摇头告诉用户："错了！错了！"这就是表现模型接近心理模型的优秀范例。我们发现，那些能打动用户的交互细节往往源于现实生活中的场景，因为那些场景是被用户学习过的，而在与产品或服务发生交互时，这部分记忆被唤醒了，用户就能很好地加入与产品或服务的互动中。这就好比心理模型和实现模型本是平行时空，而通过表现模型这个虫洞实现了联通。

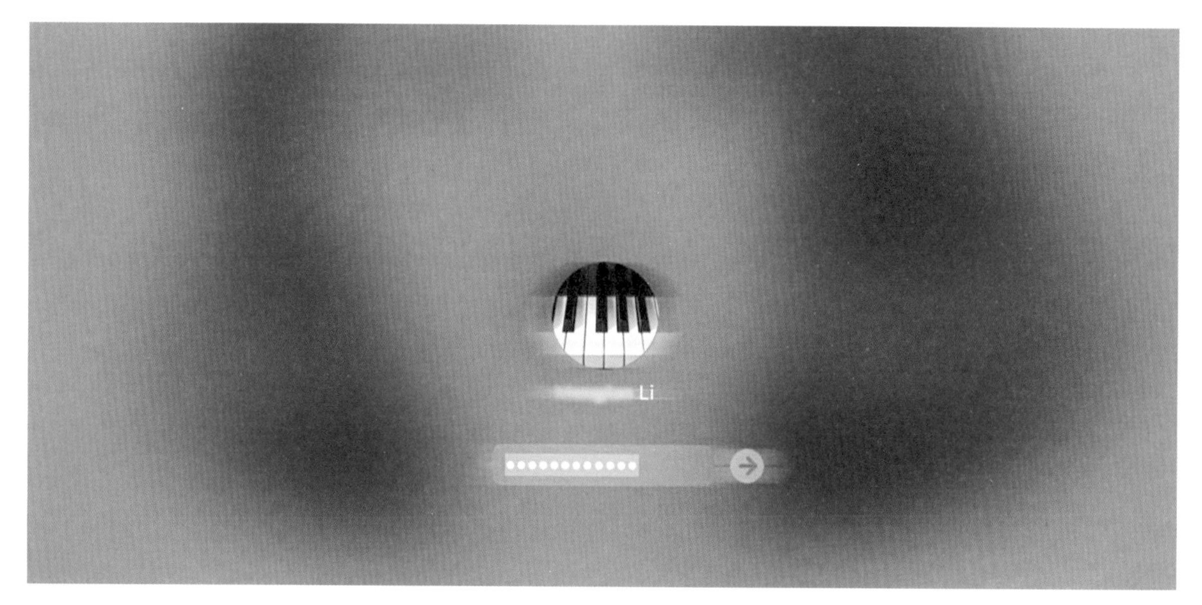

图2-15 iOS系统登录密码输入错误界面

设计师能够通过创建表现模型，隐藏产品或服务背后的复杂工作原理，帮助解决心理模型与实现模型、设计师与开发人员的矛盾问题。诺曼称之为"设计师模型"。

## 2. SD：服务设计

和大多数设计学科一样，服务设计（Service Design）可以追溯到传统工业设计时期。这个概念最早出现于20世纪90年代，是伴随着世界经济转型而产生的当代设计领域的新名词。当下设计学范畴中的"服务设计"理念出自1991年英国设计管理学教授比尔·霍林斯[1]（Bill Hollins）的《全设计》（*Total Design*）一书。同年，德国科隆国际设计学院的迈克尔·厄尔霍夫（Michael Erlhoff）教授第一次将经济管理中的服务的

① 比尔·霍林斯：英国威斯敏斯特大学设计管理学教授。他认为服务设计的重点应该聚焦在有型产品的售前、售中、售后服务中，将客户体验与客户忠诚度和品牌建设作为服务设计的核心价值。

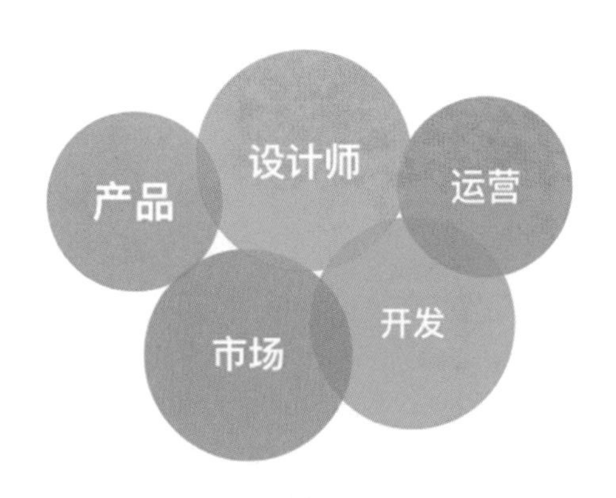


项目组内脑暴

工作坊

图2-16 服务设计

概念引入设计领域。随后，德国科隆国际设计学院、美国卡内基梅隆大学和意大利米兰理工大学等联合成立了服务设计研究联盟。2008年，由国际设计研究委员会主持出版的《设计词典》（*Design Dictionary*）给它所下的定义是："'服务设计'从客户的角度来设置服务的功能和形式。它的目标是确保服务界面是顾客觉得有用的、可用的、想要的，同时服务提供者觉得是有效的、高效的和有识别度的。"服务设计的目的是"显现、表达和策划服务中人们不可见的内容，通过观察和解释人们的需求和行为，将其转化为可能的服务，并从体验和设计的角度进行表现和评价"。目前尚不存在一个最好的定义来界定什么是服务设计，因为来自不同领域的学者对其概念会有不同的理解，但因此我们也可以从多元化的角度来理解服务设计的一般概念。

服务设计是一个综合而宽泛的领域，它包含的是一系列的活动和过程，但有一个重要的前提，那就是使客户能够在这些活动过程中感到受用并获得值得回味的体验。从前，体验一般被看作服务的一部分，而现在体验的价值正逐渐从隐性走向显性，成为一种新的经济生产模式，成为产生价值的一种途径。因为服务设计有很多的利益相关者，所以在设计过程中，一般会有很多角色的同事一同参与设计，可以采用项目组内脑暴或工作坊的形式（如图2-16所示）。从遍布全球的星巴克咖啡店，到人流如织的迪斯尼乐园，无一不在证明：体验虽是无形的，但却是真实可感的；体验的价值不可量化，但其产生的附加值是不可估量的。服务设计可以被视为提升体验的必经之路，而"体验"作为关键词，始终伴随着服务设计发生的整个过程。客户体验具有经济方面的意义，如同大宗商品、货物及服务一样，可以被有意识地生产、消费及衡量。随着科技的发展，在满足基本的功能需求方面，我们所面临的挑战日益减少。当科技发展到一定程度的时候，产品设计就可以与人的情感交互，从而超越所谓的体验阈限（Experience Threshold）。

## 3. UI：用户界面

用户界面（User Interface）是针对产品的整体设计，包括产品的外观以及由此带来的视觉感受。用户界面作为产品的“外在美”，在用户对产品的第一印象中发挥着重要作用。用户界面设计（User Interface Design）是交互设计与视觉设计或工业设计的交叉部分，也是用户体验设计中用户接触表现模型的载体。界面设计的对象是人与产品或服务发生交互的媒介。这个媒介可以是软件界面（Web、App等），也可以是硬件界面（工业设计界面）。本书中的界面设计一般指的是软件界面。

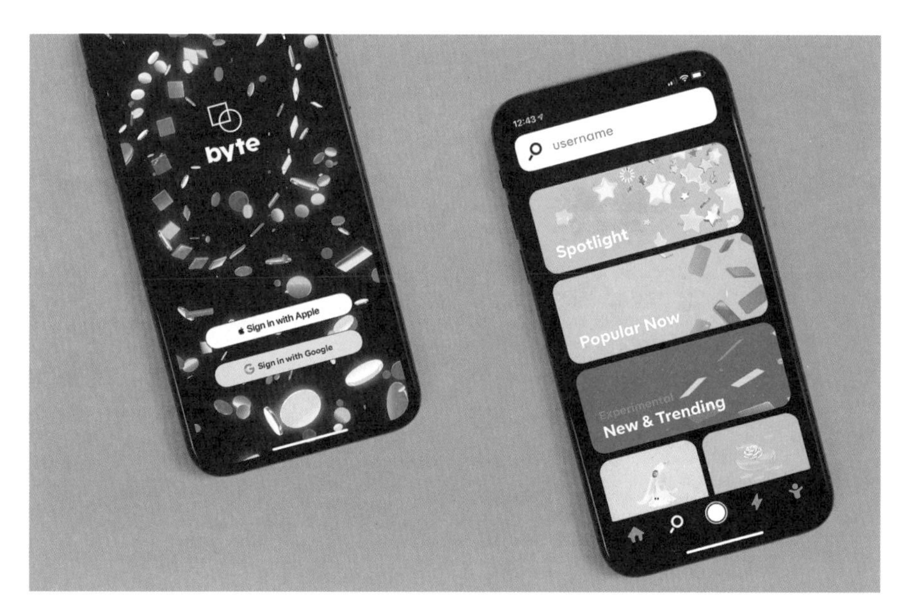


图2-17 软件界面示例

（1）设计关注点

交互设计更关注行为设计，而用户界面设计更关注形式和内容。界面设计的形式和内容要能支持交互，通过最合适的表现方式来传达具体的信息。由于界面设计与视觉设计交叉，因此它会被误解为“产品漂亮的外衣”或“皮肤设计”。其实，界面设计必须与交互设计和工业设计相互配合才能开展，它对产品或服务的吸引力和效力产生巨大影响。设计师不仅需要掌握视觉要素（如颜色、版面、形式和构成），还需要了解交互原则和界面习惯用法的基本知识。

用户界面设计本身不能被称为交互设计。在使用软件产品的时候，很多人会直观地认为界面设计等同于交互设计。这是不准确的，因为交互设计更加注重人与产品在行为层面上交互的过程，而界面设计则更加注重从静态上体现交互设计的内容和形式。有效的交互设计可以很好地帮助界面设计师制订和探讨设计方案。

图2-18是控制汽车开关门和升降车身高度的操作界面。也就是说，用户界面不仅包括基于计算机屏幕的界面，也包括工业产品上的实体操作界面。这组界面一共有五个按钮，并配以图标做提示。它们从左到右依次的功能是开关所有三个车门、开关后车门、开关中车门、开关前车门、升高或降低车身以方便儿童或残疾乘客上车。当汽车停稳的时候，这些按钮可以被使用，它们会显示出绿色的环状灯光来提示用户（司机和乘客）。

图2-18 控制汽车开关门和升降车身高度的操作界面

（2）评判标准

对于用户界面设计的评判不应仅停留在美观、漂亮等形容词上，而应注意如下方面：

第一，运用视觉属性将元素分组，创造出清晰的层次结构。

第二，在每个组织层次上提供视觉架构和流程。

第三，使用紧凑、一致且与上下文相对应的图像。

第四，风格一致，功能全面并有目的性。

第五，避免视觉噪声和杂乱。

## 4．GUI：图形用户界面

图形用户界面（Graphic User Interface）是软件界面设计的对象。图形用户界面是一种以图形为基础的用户界面，它使用统一的图形操作方式，并将其作为用户与操作系统之间的中介，是计算机系统的重要组成部分。

图形用户界面在交互界面发展史中处于正在进行的阶段。随着技术的革新和人对机器理解的深入，交互界面正发生着衍化甚至是变革。如图2-19所示，计算机从简单的命令行界面（Command-Line Interface）发展到复杂的图形用户界面，再发展到以自然交互为主的自然用户界面（Natural User Interface），经历了三十多年时间。到了自然用户界面时代，“界面”这个词逐渐变得模糊，甚至可能会消失。交互界面的发展始终围绕一个永恒的问题——人与智能设备的交互在脱离界面后会以什么样的形式承载呢？

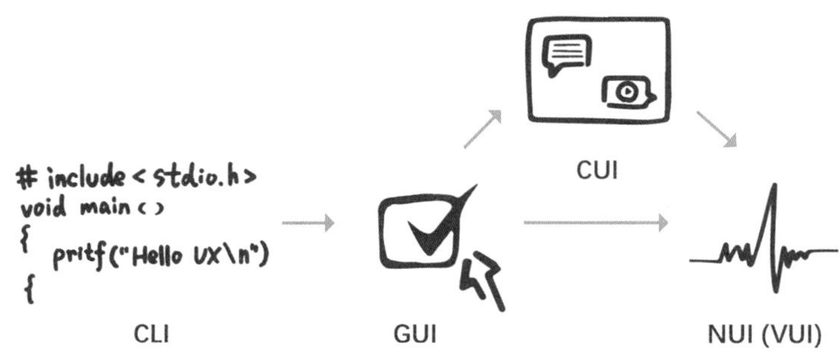


图2-19 图形界面的发展历史与未来

图形用户界面最大的优势是使用户摆脱了传统的文本命令型交互方式，可以通过鼠标等输入设备进行操作。另外，在界面中引入相应的图标和对话框可以使系统的操作更加形象和直观。图形用户界面的窗口、下拉菜单、对话框等操作形式实现了标准化，因此用户可以在不同的设备或应用中使用相同的操作完成一定的任务，从而降低认知成本和学习成本。

## 5．HCI：人机交互

人机交互（Human-Computer Interaction）最早出现于20世纪80年代初，是计算机科学的一个专业领域，其关注点是人类与计算机系统之间的互动，包含设计、评估和搭建计算系统等方面的内容。人机交互不仅仅注重计算系统在性能方面的可用性，而且更加注重用户的参与和表现。人机交互为设计研究领域与提升人机系统的用户体验提供了非常重要的理论基础和技术支持。

人机交互的概念随着时代的发展在不断更新，变得越来越丰富，目前包括情感化设计、效能、美学、创造性、灵活性，等等。这个概念最初的口号是“易学，易用”。这个口号使得人机交互在计算机领域中变得很重要，广泛地影响了计算机科学和技术的发展。人机交互最开始聚焦于个人的工作效率，现在已经扩展到心理学、设计、通信工程、认知科学、信息科学、地理科学以及工程等领域。人机交互的研究对象包括个人和一般用户行为、社会和企业组织、行为能力限制者等。人机交互的应用领域包括桌面办公的应用，以及游戏、教育、金融、健康和医疗等领域的应用。人机交互的方式包括早期的图形用户界面，以及包含各种交互技术和设备、多模态交互方式和基于用户界面规范的交互工具，等等。

在生活中，诸如苹果公司的Siri、亚马逊公司的Echo等语音识别技术和人工智能技术发展迅速，为未来的人机交互发展埋下伏笔，人与计算机的对话可能会成为最主要的交互方式之一。如今，语音机器人助手能够在用户需要的时候出现在身边，随时回答问题，记笔记，等等。人们还能通过语音设备将实物联入网络，实现物品与物品之间、人与物品之间的全面信息交互，促进了物联网的发展。

## 6. HF：人因工程

人因工程学（Human Factors Engineering），亦称人机工程学（Man-Machine Engineering）、人类工效学（Ergonomics），是一门应用广泛的综合性学科，是以生理学、心理学、解剖学、人体测量学、计算机科学等多学科的科学原理和方法为基础的综合性交叉学科。它致力于研究人机系统中人的特点、环境条件、人机系统设计等。人因工程学研究者以人为本，使系统中的机器设计尽可能地适合人，易于被人掌握，从而使人能安全、高效、健康、舒适地从事各种活动，将人的失误率降到最低，让“人—机器—环境”系统的总体性能达到最优。

复杂的人机系统，因为人的参与而变得更为复杂，系统运行具有某种不确定性和难以预测的特点，安全性问题会更突出。解决这一难题需要人因工程的支撑，它致力于研究人、机器及其工作环境之间的相互关系和相互影响，最终实现提高系统性能且确保人的安全、健康和舒适度的目标，其本质就是强调“以人为中心”。人因工程相关研究被广泛地应用在复杂的人机环境中，如飞机驾驶舱中。不像一般的驾驶环境，飞机驾驶舱中存在更多的决策点。飞行员在飞行过程中需要处理更多信息，且不允许出现任何操作失误。因此，降低失误率变得至关重要。目前有许多针对飞行员驾驶舱的人因工程研究，如按键排布、座椅设计等，它们都要通过优化设计，以达到保护飞行员的目的。人不是理想中的完美用户，我们为各种各样的人做设计，面临着不同以往的特殊挑战。

## 7. IA：信息架构

信息架构（Information Architecture），是美国建筑师理查德·沃尔曼[1]（Richard Saul Wurman）在1975年创造出的一个新词汇。以下是维基百科对信息架构下的定义：

- 关于信息领域的产生、消费的结构化设计。
- 这是一门学科，通过组织和标记信息来解决网站、企业内网、在线社区、软件领域的可寻性和可用性。
- 这是一个专注于实践探索出一定规则的新兴领域：数字化领域的设计和架构。

这个定义是狭义的，主要针对数字市场，而没有包括传统行业，如图书馆、超市、库房等。目前人们一般将信息架构定义为“组织信息和设计信息环境、信息空间或信息体系结构，以满足需求者的信息需求的一门艺术和科学，包括调查、分析、设计和执行过程。它涉及组织系统、导航系统、搜索系统和标签系统的设计，目的是帮助人们成功地发现和管理信息”。信息架构的核心要素就是网站的信息组织系统、标识系统、导航系统和搜索系统这四大系统。

第一，组织系统，负责信息的分类，由它确定信息的组织方案和组织结构，对信息进行逻辑分组，并确定各组之间的关系。

第二，标识系统，负责信息内容的表述，为内容确定名称、标签或描述。标识名称可以来源于控制词表或词库、专家或用户、已有的标识事件等。

第三，导航系统，负责信息的浏览和在信息之间移动，通过各种标志和路径的显示，让用户能够知道自己看到过的信息、自己的现在位置和自己可以进一步获得的信息内容。

第四，搜索系统，负责帮助用户搜索信息，通过提供搜索引擎，根据用户的提问，按照一定的检索算法对网站内容进行搜索，并提交给用户搜索的结果。

信息架构要实现的两个目标是信息的清晰化和信息的可理解性，这对应用户体验就是可用性和易用性，因此信息架构是用户体验设计不可或缺的一部分。

① 理查德·沃尔曼：26岁开始出书，目前已经有60多本著作，拥有建筑学硕士学位，是“美国建筑师协会”及“美国设计中心”荣誉会员，“公司团体设计基金会”董事，“国际绘图联盟”的成员，以及“美国绘图艺术协会”副总裁。

# 扩展阅读——与大咖面对面

## 彼得·杨·斯塔皮尔斯：有趣的和务实的

彼得·杨·斯塔皮尔斯（Pieter Jan Stappers）教授现任荷兰代尔夫特理工大学工业设计工程学院设计研究部门主任、博士生导师。在研究领域，他致力于开发各种能够帮助设计师在创意与概念设计阶段使用的设计方法与工具。他认为大学里的设计教育与设计研究是密不可分的。他主张将研究中发现的最新成果运用于设计实践。他认为研究与教学的互动必须相互推进、时时更新。

“Speels & Degelijk”这句话是荷兰语，意思是“有趣的和务实的”。这句话是以前的导师告诉我的。我原来是学物理学专业的，但研究了一段时间之后觉得比较无趣，后来发现设计有趣多了，可以遇到新的问题和更多可探索的方向。有些人还是用传统的方法去对待科研，但我愿意用些新的、更为有趣的方法。我的导师当时对我说：“单单有趣是不够的，一方面要有创意，另一方面又要切合实际。”这句话对我影响很大，因此一直保留在我的博客上，我也一直尝试做到这一点。到目前为止，我还没有发现比设计更有趣的方向。我会带领学生做一些课题，如食品包装设计、专为老年人设计的通信工具。每次研究的主题不同，项目内容不同，但可以用类似的研究方法进行研究，所以我们可以学到不同领域的知识。

我个人感觉最重要的是要有好奇心。比如，我看到了一个桌子，桌面下方有些空隙，我就想看看它是用胶水粘住的还是用螺丝固定的。布鲁斯·毛（Bruce Mau）曾经做过一个演讲——《成长不完全宣言》（“An Incomplete Manifesto for Growth”），其中提到了50个关于如何变得更有创造力的技巧，如做实验，犯错误，重复你做过的事情。对于孩子来说这是非常有趣的事情，但是对于父母却是灾难性的。小孩儿对外界的事物会很好奇，并想搞清楚原因，如看看桌子下面有什么，里面能否放置物品，但是很多人长大后就丧失了这些好奇心。

20世纪90年代早期，我在大学的研究中开始关注游戏这个领域，因为我注意到电脑绘图在游戏行业中发展迅速。我所做的是：在我每次旅行的时候，都要去游戏厅，看孩子们在玩什么游戏。他们看起来相当地放松和惬意。如果你从来没玩过这种游戏，你投入一个硬币后，两秒钟游戏就会结束。每当这个时候，我都会再投一个硬币，让孩子们教我玩游戏的技巧，这种事情我做了10年，因为这样我会很容易知道图像视觉需求的发展方向以及可能的发展态势。通常情况下，当技术适用于某个领域后，自然科学家会在其他领域里努力着，所以我们需要关注他们在哪里，有什么可以借鉴的。很多设计都是从其他地方借鉴些东西，然后把它们重新组合而成的。如果你有很多方面的知识储备，对于一个事物，你就能用完全不同的方法去实现。我认为有点创造性的建议是，重新整理你的一些想法，找到一些有可能的想法，这样你会离成功更近一步。局限和限制只能起到一个作用，那就是使你束缚不前。

斯塔皮尔斯教授为用户体验方向的学生现场演示了游戏工具是如何帮助用户体验行业从业者进行相关研究的，并以经典游戏《吃豆人》为例，讲述了其中的交互状态（如图2-20所示）。

图2-20 斯塔皮尔斯教授现场演示

本章详细阐述了用户体验设计的三大核心关注点，分别为用户、情境与需求。这三点有别于传统设计的以产品或服务功能为核心的关注点，体现了用户体验设计对独特个体意志表达的理解、尊重、放大和承接。我们通过体验升级指向用户的精神诉求，构建超越期待的体验场景，建立情感连接。

# 第一节　以用户为中心

“以用户为中心”指的是以用户体验和用户目标为产品开发的驱动力，而不仅仅是以技术为驱动力，其最基本的思想就是将用户时时刻刻摆在所有过程的首位。在产品的生命周期的最初阶段，产品设计应当以满足用户需求为基本动机和最终目的。在早期的产品设计和开发过程中，对用户的研究和理解应当被作为各种决策的依据，同时，产品各个阶段的评估信息也应当源于用户的反馈，所以用户的概念是整个设计思想和评估思想的核心。

任何一个产品的诞生过程，从前期的调查研究、总体设计到具体细节设计和后期的实施，都是复杂而又漫长的。它需要用户的参与，包括参与评估和参与设计。用户的参与是有效交互的关键。用户体验设计师只有很好地理解用户的操作流程，理解用户背后的、潜在的使用习惯，才能够保证快速、高效地完成任务。由此可见，用户是产品研发的思想中心。在产品设计与评估的整个过程中，设计师首要考虑的就是用户，这是“以用户为中心”的最基本思想。

## 1．用户的定义

用户是用户体验设计中研究的核心对象。明确用户的定义是十分复杂的工作。用户，指使用某产品或接受某服务的人。下面我们从三个方面对用户的定义展开解释。

（1）用户是人类的一部分

用户具有人类的共同特性。当用户体验某一产品时，会在体验的过程中显示出这种特性。人的行为不仅受到多种基本能力的影响（如视觉、听觉、记忆力等），还受到地理、文化、性格、心理、受教育程度等因素的制约。

（2）用户是产品的使用者或服务的接受者

产品的使用者或服务的接受者是设计者研究的主要对象。他们的体验与产品的特征有着不可分割的联系。

（3）用户体验设计师更是用户

用户体验设计师对自己设计的产品或服务怀着某些特别的期待，在经验和知识上可能与普通用户有很大差异，但他们的第一身份是产品的使用者或服务的接受者，其次才是产品或服务的设计者。用户体验设计师不仅会从所收集的用户需求入手，也会从自身的使用过程出发，探究行为背后的动机。因此，即使演绎着“设计者”这个角色，他们在思考和产品有关的问题时，仍然不可能丢弃“用户”的立场。

在用户与产品或服务交互的流程中，用户的“身份属性”始终是在变化的。例如，对于一个购买并使用手机的用户而言，他的身份既可以是一名消费者，也可以是一名使用者。如果从“消费者”的角度定义，研究着眼于用户的购买决策；如果从“使用者”的角度出发，那么关注的用户体验涵盖手机的形式、用户使用手机的行为、手机的内容等一系列内容。

拥有同种身份属性的“用户”对产品或服务的熟悉程度也存在差异，这就是我们所说的新手、专家和中间用户的用户分类（如图3-1所示）。[①] 优秀的用户体验设计师意味着需要针对不同层级的用户设计出具有不同体验水平的产品或服务。我们的设计目标既不是吸引新手，也不是将中间用户推向专家层，而是让中间用户感到愉悦，让新手用户快速成为中间用户，同时避免为专家用户设置障碍。

作为特殊人群的用户群体也应当受到关注。特殊人群包括国际用户、未成年人、老年人以及认知或行动能力限制者，等等。例如，用户体验设计师就是考虑到多种族用户、多家庭构成用户的包容性问题，才将原来的family表情拓展为如图3-2这几个组合的。

和用户的定义略有不同，客户主要是指已经对产品或服务形成了服务请求并达成买卖关系的人，也可以说是对产品或服务购买有决策权的相关人，包含技术决策者和业务决策者等。客户有时和用户是一致的。比如，张三购买了汽车，汽车公司说张三是我们的用户或张三是我们的客户都是可以的。因为张三既是使用者，又是消费者，然而单一的客户一般关注的是价格和效果。效果包括产品使用后的工作效率提升，也隐含了使用后的业绩提升。有的时候客户既不关心价格，也不关心效果，只关心自己的个人利益，所以找到客户的真实意图是销售的关键所在。

客户不一定是用户，但一定是支付方。用户也不一定是客户。比如，A公司买了一部汽车，交给总经理使用，总经理是用户，但不是汽车公司的客户，A公司才是汽车公司的客户。

① [美] 库伯等著：《About Face 3：交互设计精髓》，刘松涛，译，北京，电子工业出版社，2012。

图3-1 新手、专家和中间用户的用户分类

图3-2 emoji表情中的family表达

## 2. 用户情感

在选择产品时或使用产品后，产品对于用户的含义会随着时间的变化而逐渐延伸。唐纳德·诺曼曾指出，用户的情感体验包含三个层次——本能、行为与反思。皮特·德斯梅特（Pieter Desmet）从用户的情感出发，挖掘用户的担心点以及两难困境，利用丰富体验、扩大微情感等方法进行情感设计。情感设计不是把情绪直接写在产品上，也不是使产品外形直接模仿人类的愉悦表情，而是基于人们由内而外的真实感受，去设计能引发人们情感共鸣的产品。在每个层次中，用户对产品的语义都有不一样的解读。产品的语义是在用户存在的基础上产生的。在被用户使用之前，产品只拥有设计师赋予它的语义，但用户在接触产品的那一刻以及使用产品的过程中，都会根据个人的情感经历去赋予产品不同的情感语义。

情感是用户体验关注的重要内容。我们在情境研究过程中发现，用户在完成任务的过程中伴随着情绪流。情绪流是指被情境触点触发的用户情绪的涌现，是情感片段在时间与空间中的糅合流动。在情境研究中，对情感的观测能使研究者有效地挖掘出使用痛点和产品机会点。本书中提到的优秀的用户体验从用户需求层级的角度需要依次满足功能性、可依赖性、可用性和愉悦性，因此用户体验设计师追求的目标是提供卓越的情感体验。

情感作为用户体验不可预期的部分，在场景中具备持续增长的特性。在情境构建中，情感是一个源于功能和内容，但高于二者的设计对象。情境体现的不再是在具象、静态的场景里被规划，而是在更加流动的时空细节中生长，并用更加丰富的要素重组，带来极致感受。新情境会带来用户情绪的全新涌现和全新需求，情感片段在时空中的流动会生成新的符号标签。情绪持续涌现凝结成情感，形成对产品与服务从需要到想要的过程。以北京颐堤港商业项目为例，它满足了如今大部分中产阶层家庭的需求。父子在室内攀岩，妈妈可以去做美容，或者去精品超市购物，一家三口也可以选择看小型艺术展。当人们在商业综合体停留时间达到4小时后，消费转化率比两小时提升40%。这是场景流动赋能时间带来的商业价值。这种极具情感化的家庭体验，让颐堤港不仅是购物场所，更是和家人共度周末、形成美好回忆的场景。体验赋予了当下时间不同于其他时间的意义，创造了新的时间增量，带来了新消费情感的涌现。

用户情感的最高境界是用户依赖，即用户黏性。用户黏性在一定程度上决定着产品的流量，也会影响平台客户的忠诚度和潜在客户的转化以及盈利能力。因此，产品或服务提供者要增强用户黏性，让用户在适合的消费场景第一时间想到自己，或使用户离开平台就不能更有效、更满意地进行某些商品的消费活动，这样用户对平台的依赖感就会增强，再消费的期望值就会增高，用户黏性就会逐步成为习惯。增强用户黏性，对于移动电商平台来说至关重要。

以苹果公司的iPhone产品为例，苹果公司为了让用户对他们的产品产生情感依赖，采取了多种手段和策略。

（1）形象差别化战略

苹果前首席执行官乔布斯将自身塑造为“反传统”的斗士形象。乔布斯的行头十分具有标志性，一副圆框眼镜，搭配黑色高领衫，再配上牛仔裤以及运动休闲鞋，无一不在向传统意义上的“企业制服”发起挑战。正如比尔·盖茨代表着微软的品牌形象一样，乔布斯代表着苹果的品牌形象。

（2）苹果情感经济

苹果公司提出了“理性的经济”终有一天会被“情感的经济”所代替的观点。当苹果手机可以引起消费者的情感共鸣时，就可以驱动需求，这比其他差异化策略都更具效果。

（3）产品差异化

迄今为止，苹果之所以取得成功，是因为坚持了“超一流的产品将会带来超一流的利润”这个理念。对于任何一款产品，苹果公司都十分重视并坚持实行精品战略。

（4）极端的饥饿营销

不同于单纯的传统意义上的饥饿营销，苹果公司采取的是极端的饥饿营销模式。苹果公司最初不会透露新产品的任何相关信息，仅声称不久的将来会有新品问世。然后在接下来的很长一段时间中，有关苹果手机的任何信息都近乎没有。待消费者迫切希望获得苹果手机的新产品信息之时，苹果的首席执行官才会突然亲临发布会现场进行简单介绍。在手机正式上市后，各类形形色色的产品信息铺天盖地而来。像这种极端的反差，会令众多“果粉”（苹果公司电子产品的爱好者）如同久旱逢甘霖，最终引发了消费者强烈的兴趣及购买的冲动。

（5）口碑营销策略

苹果公司在制定营销策略时，坚持认为口碑营销是一项重要的策略。苹果公司贩卖的不只是产品本身，更是苹果公司特立独行的企业文化。

通过一系列的手段和策略，苹果公司培养了一大批忠实的用户，他们追随苹果公司发布的每一款产品。苹果公司的品牌核心价值文化为：

重视“顾客需求”、“消费者至上”及“顾客就是一切”。公司将消费者的需求纳入公司的创新体系中，通过市场调查了解消费者需要什么，通过客户体验进一步发现消费者的消费需求和个性偏好。苹果公司注重创新。成功的品牌文化定位策略使苹果公司获得了庞大的品牌资产价值以及与众不同的、可持续发展的竞争优势。

## 3. 用户模型

用户模型目前还没有一个统一的定义。狭义地讲，用户模型是对网站目标群体真实特征的勾勒，是真实用户的虚拟代表。建立用户模型的目的是尽量减少主观臆断，走近用户，理解他们真正需要什么，从而知道如何更好地为不同类型的用户服务。

交互设计之父艾伦·库珀[①]（Alan Cooper）提出了两种构建用户模型的方法：一是传统用户模型，它是基于对用户的访谈和观察等研究结果而建立的，严谨可靠但费时。二是临时用户模型，它是基于行业专家或市场调查数据对用户的理解而建立的，快速但容易有偏颇。

① 艾伦·库珀，被誉为“交互设计之父”，创建了库珀交互设计公司，致力于创建专为用户而设计的应用软件。

在平时的工作中，出于效率的考虑，用户体验研究员可以建立临时用户模型，根据自己对用户的理解，挑选出最能影响用户和产品的几个因子来做分析，快速建立用户模型，辅助产品决策。图3-3是快速建立用户模型的方法。

同样，用户体验研究员也可以根据不同的目的建立不同的用户模型。例如，可以根据已有数据建立用户数据画像，从而快速定位目标用户，然后可以通过数据去建立相应的用户模型。当然这些用户模型之间都有着高度重合的部分，因此产品经理可以根据产品阶段性目标去重点维护某一个或者某几个用户模型之内的用户。

举一个简单的临时用户模型的例子。假设在建设雄安新区之前，任何平台都没有相关的问题及解答。知乎为了追这个热点，必须在第一时间建立此话题，然后用户模型就有用处了，去找谁来回答此问题呢？

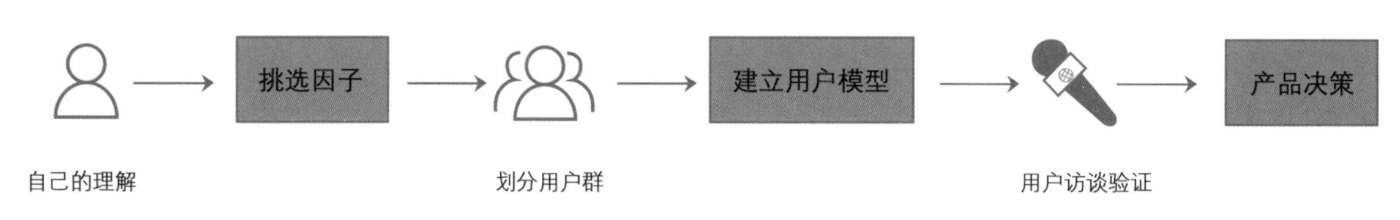


图3-3 快速建立用户模型的方法

首先我们可以根据用户的自身属性，如关注房地产、解读国家政策、了解保定地区、回答超过x个问题以上、获得点赞量大于y、粉丝量超过z等来筛选。这样我们就可以从海量的用户中筛选出符合条件的用户，邀请他们第一时间来回答雄安相关问题。其中的x、y、z值来源于对先前数据的分析。

假设知乎要求优质用户具备以下条件，如连续x天登录知乎，每周回答y个问题，累计获得点赞z个，那么知乎就可以建立一个这样的用户模型，通过数据监测，给符合这个模型的用户推送一条消息，认证其为某领域的优秀回答者。由于获得了成就感，这个用户会创造更多的优质内容。

给一个建筑行业的人推送一条互联网运营的热点问题，想必他多半不会感兴趣。通过对某一模型的用户进行行为追踪，然后根据数据来扩大相关内容的边界，最终就会形成类似于今日头条与快手那样强大的推荐算法。

因为产品的性质不同、时期不同、目的不同，所以需要多种多样的用户模型，可能过了一段时间，某个用户模型就会被弃之不用了，所以根据不同的用户模型，做出的运营手段也不尽相同，这里就不赘述了。

精细化运营必然是接下来互联网运营要走的路，尤其在人工智能技术日益强大的今天。我们通过用户模型的建立，再交由人工智能去学习这个用户模型下的用户行为，从而增强对用户的了解，达到增强用户黏性的目的。当然用户模型不仅可以作为吸引用户的工具，还可以为用户体验设计师提供体验提升的方向，从而使用户体验设计师为用户打造更适宜使用的产品或服务。

# 第二节　以情境为坐标

情境（部分用户体验书籍中也使用“场景”表示）本来被用在文学或影视领域，通常指发生某行动的特定时间和空间，或者因人物关系构成的具体画面，是通过人物行动来表现剧情的特定过程。

彼得·杨·斯塔皮尔斯认为，情境可以被定义为人与产品交互的环境。但是它的具体内容包括什么呢？答案很简单：取决于特定的设计项目。具体来说，不仅取决于该设计项目要解决的问题、设计目标、设计产出（包括产品和服务以及创造新产品和改进现有功能等），还取决于一个用户体验设计师的世界观，包括道德观、社会观和价值观等。决定设计项目的情境包括什么内容，并将它们在设计过程中明确地贯穿始终是设计师或设计团队面临的挑战。

用户体验领域研究用户与产品交互的情境，随后再设计迭代后最终实现的情境。本节包含情境研究与情境构建的基本流程，同时介绍了用户体验地图这种常用的情境研究与构建方法。简言之，情境既是用户体验研究的对象，又是设计的对象。

## 1．情境研究

情境研究是从产品所处的情境出发，依据一系列可视化的情境活动来挖掘用户行为需求，最终得出产品需求解决方案的一种有效方法。唐纳德·诺曼曾谈到活动中情境要素的重要性，并强调设计的关注点应聚焦于人、产品与环境三者之间的互动关系上。国内学者谭浩、罗仕鉴等人分别对此方法进行尝试。然而，在传统的设计研究中，设计一般依赖于设计师的主观经验，他们难以了解用户在产品使用过程中的真实感受。因此，用户体验设计师需要加强对基础性需求的关注，将产品使用过程中的实际情境要素作为设计重心，以满足用户的行为需求及情感需要。

为什么用户体验设计师需要投入很大的精力去研究情境呢？为什么近年来用户体验领域对情境的关注度会日益提高呢？原因主要有以下几个。

首先，体验设计必须适应用户的生活、工作环境，所以设计师必须要理解这种关系。

其次，在某些领域，设计需要感知情境。例如，当你在电影院或会议室时，手机能以某种轻柔的方式提醒你来电或接收到新消息，而当你正在跑步时，手机能以某种引人注意的方式提醒你。有了一个情境之后，我们的研究才能更好地开展。

最后，学习目标用户的生活经验可以帮助用户体验设计师更好地开展设计，尤其当他们为有不同工作背景、地域文化和操作技能的用户做设计的时候，必须善用同理心，做到与用户换位思考，避免忽略用户的感受、习惯和期望。

在情境研究中，用户体验设计师关注环境（外部）因素和用户（内部）因素。

环境因素是指用户与产品或服务进行交互时周围的环境信息，包括自然环境和社会环境。其中，自然环境因素包含温度变化、光亮度、地理信息等，而社会环境因素包含用户周边的嘈杂度、人口密度、网络稳定度等（如图3-4所示）。

用户因素是指用户在某一情境下的特定行为模式，即在使用产品时的行为状态和心理感受。在考虑用户因素时，用户体验设计师需要考虑用户在使用产品时的状态：用户是在什么状态下使用这款产品的？是在工作状态下，还是利用碎片时间？是多线程工作方式，还是沉浸式工作方式？例如，在设计一款用户做家务时使用的产品时（多任务情境），就需要让产品的设计既能吸引用户的注意力，又不会影响他们进行其他任务。

从情境出发寻找解决问题的设计方案，在实际的用户研究中唤醒用户的情境认知，可以为用户体验设计师提供大量的产品设计约束条件、用户触点及情感变化。

图3-4 环境因素

## 2．情境构建

情境构建是互联网时代背景下对用户体验设计提出的新要求。情境构建法是从产品或服务所处的情境出发，依据一系列可视化的情境活动来挖掘用户的行为需求，最终得出产品需求解决方案的一种有效方法。在新时代背景下，用户体验设计将用户未被充分表达的诉求、小众但稳固的亚文化表达、潜在涌动的生活方式等内容，经由创新设计进行构建，用足够独特的场景组合进行承接，输出恰如其分的新意义。

（1）情境构建的关注点

情境构建的关注点是场景和活动。情境构建者根据情境构建法的应用理念，从产品所处的情境出发，从资料的获取与分析开始，对各情境要素进行分类，明确设计对象相关问题情境。通过调查研究阶段中收集的相关资料和数据，了解用户在当前情境中所产生的问题需求，并在此基础上，对用户进行初步的预想。

在互联网时代，用户的活动是碎片化的场景。社交沟通的即时软件和智能手机的器官化、由人格吸附形成的人格连接使产品不再是传统的作为功能载体的产品，而更多的是生发于情境的体验。情境的构建就是以产品或服务作为媒介，通过场景为用户提供价值，与用户建立情感联系。用户体验设计师通过分析目标用户在当前情境中所发生的交互作用过程，可得出具体的情境预想要素，厘清庞杂的信息，为后续设计提供更为科学清晰的思路。通过洞察用户行为活动，对具体问题进行初步描述，并提炼真实的用户需求。

（2）情境化设计

情境化设计是指用户体验设计师先在用户所处的真实情境中亲身体验用户的痛点和需求，再对发现的问题及收集的数据进行分析和研究，并根据其结论构建产品或服务。情境化设计作为以用户为中心的设计思潮的衍化，其情境要素概括起来便是“天”“时”“地”“利”“人”“和”。其中外因包括时间、地点、社会环境、历史趋势、活动等，内因包括行为、特质、生活方式、动机等（如图3-5所示）。

用户体验设计师会通过几个要素的交叉域找寻切入点。其中，新技术与场景互动的活力可以为新用户体验提供源源不断的新基因。新用户体验是在情境表达的基础上进行的模式构建，随后会释放出许多新的设计可能性。例如，地点和生活方式的叠加可衍生出来的产品形态为出行、旅行等，由此再叠加出行方式衍生出来的代表产品有优步、爱彼迎等。爱彼迎其实是通过叠加场景得来的，它击中了“爱读书＋爱旅游”青年的软肋。这种体验会带来大量的情绪涌现，成为具备个人标签的互联网产品（如图3-6所示）。

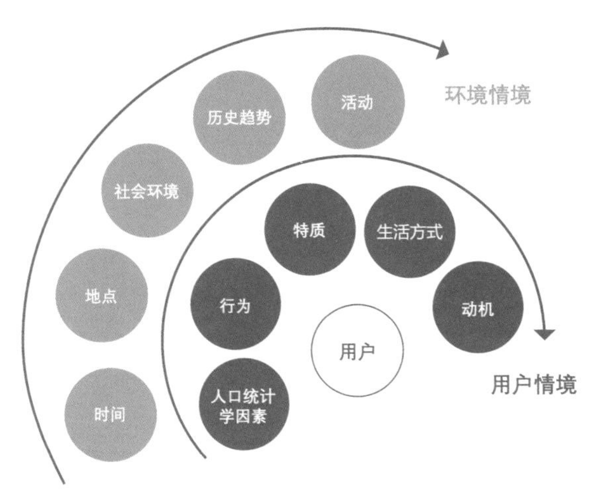


图3-5 情境化设计要素

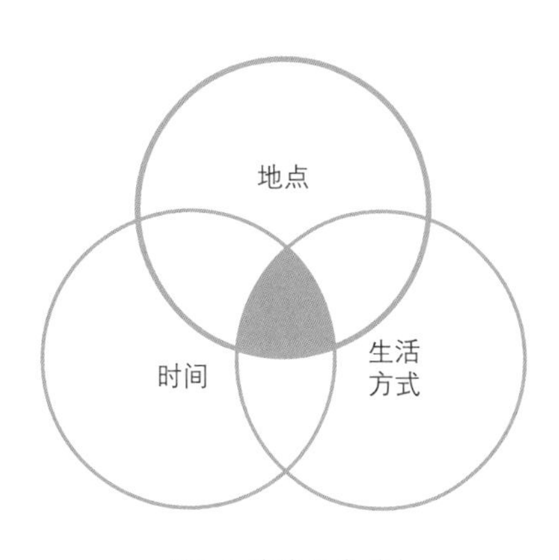


图3-6 情境要素叠加

举一个增强现实消防头盔设计的实例。AR消防头盔设计师首先构建典型用户角色，然后真实记录和收集用户在使用过程中的关键需求，并从中获取有关产品功能域、物理域及交互域的具体设计要求和内容，最终获取AR消防头盔设计的最优方案。

第一，构建典型用户角色。用户体验设计师采用自我陈述的方法，选取目标用户，即将消防员作为采访对象，构建一个典型的用户角色，并对用户的社会文化属性进行定义，其中包括个人背景、性格特征、行为方式、生活习惯和兴趣爱好等，使用户角色真实可靠。通过记录和总结用户信息，从而更好地展示用户的真实需求，体现以用户为中心的设计理念。

第二，行为活动问题情境描述。由于情境构建是一个状态性的活动过程，因此情境可被分为若干个相互关联的对象的活动状态。每个活动状态中包含着不同的情境要素及其存在的问题情境。

第三，提炼用户需求。用户体验设计师采用使用者—环境、使用者—产品、产品—环境三者交互的求解方式提炼用户需求，并明确设计情境对象这一过程主要包括三个方面的角色问题求解。一是消防员。由于在现场消防员的认知能力有限，所以满足用户的感性体验是设计求解需要关注的重点。二是消防头盔。用户体验设计师要探索产品部件与整体的合理搭配，通过产品物理属性与问题情境的交互转化，保障安全性与舒适性等功能属性的优化升级。三是火场环境。浓烟密布的火场使得救援人员的视线模糊，严重阻碍救援任务的实施，因此识别环境也是设计时考虑的关键所在。

第四，增强现实技术的应用。增强现实技术的应用能在烟雾缭绕的火场环境中将火灾现场的情况清晰投影到镜面上，达到透过烟雾可视化的效果，实现虚拟与现实的互动，以便消防人员更好地了解火灾现场状况。利用骨传导方式进行声音信息的传输，即使在嘈杂的火场环境中也能将声音进行清晰的还原再现，且该传导方式所传送的声波不会因为空气的扩散影响到其他救援人员进行救援作业，使救援工作更具准确性。

### 3．情境对应

在实际的用户体验研究与设计中，无论是设计移动应用产品还是设计实体产品或服务，了解用户和他们使用设计的情境都十分重要。情境对应（Context Mapping）可以帮助用户体验行业从业者将抽象的事物变得更加具象，如设计表达顺序或辅助表达的辅助工具。用户体验行业从业者可以利用辅助工具让用户更加积极地展示他们的生活、他们对世界的思考以及他们对未来的描绘，不断探索用户在日常生活中的需求、感受、动机和经验。这些信息可以让用户体验行业从业者快速理解目标用户。

在实践过程中，这个方法适用于任何设计过程，并且没有固化的流程。它有助于用户体验研究团队清楚地定义角色与目标，并激发每个利益相关者的深层需求。无论是客户、用户还是设计师，都可以参与进来一同探索和评估新概念。情境对应有多重用途。例如，产品和服务开发公司可以用情境对应为最终用户找到正确解决方案。又如，设计机构和咨询公司可以用情境对应对真实用户进行快速调研。再如，情境对应可以帮助政府机构创造更多以用户为中心的服务。对于一般的组织来说，它有助于更好地与各种利益相关者合作。

进行设计研究一般包含以下三个关注点。

第一，敏感化。敏感化从字面上来讲是指“让人们对……敏感”。事实上用户在日常生活中对自己的行为十分不敏感，用户通常不知道他们的日常经历对于他们来说有什么意义。但是其他利益相关者可能会从这些感性的认识中受益，以便在创新项目中发现用户的真正需求和动机。

第二，创意工具箱。无论是访谈还是焦点小组讨论，创意工具箱总能将一些内隐的信息外显出来，帮助它们从描述性表达变为富有想象力且更加具象的表述。用户体验行业从业者可以从收集有关用户的行为习惯和环境背景信息开始，一直让用户的注意力集中在调研的话题范围内。

第三，用于设计。情境对应终究是一种设计方法，而不是研究。它可能看起来很像人类学研究，但是目的不同。在情境对应中，目标是提供新的解决方案，而不是收集更加完整的洞察。通常只有少数洞察被运用在设计过程中，用来不断激发产品或服务的新理念。

# 第三节 以需求为导向

查理斯·伊姆斯[1]（Charles Eames）说："认清需求是设计首先要做的。"产品设计是伴随着工业化生产而出现的，与手工时代不同，产品设计要求预判消费者的需求，为消费者设计出他们喜欢的东西。从18世纪初利华公司的肥皂产品设计中我们可以发现，其整个生产过程都是围绕着满足消费者需求这一目标而展开的。例如，将肥皂做成每块一磅的方形小块——方便用户持握使用；使用仿羊皮纸包装肥皂——利于用户识别；用棕榈油取代肥皂中的牛脂，产生大量气泡——从实际和视觉角度去强调洗涤效果；在1894年和1899年推出了具有卫生性能和去渍功能的肥皂——满足消费者不同类型的洗涤需求。

① 查理斯·伊姆斯：他设计的最著名的作品是一系列平民化的廉价椅子，除此以外还设计了多种形式的由胶合板热压成型的家具。作品以简单、朴素、方便使用为特点，一度成为广为认可的大众化产品。

## 1. 需求的定义

需求是需要的底层动机，是产生需要的原因。需要是指有机体感到某种缺失而产生的力求填补这个缺失的心理倾向，通常指向某个具体的事物。而正是某种需求才驱动着人们产生一定的行为来满足这种需要。动机过程是指人的某种需要从未满足状态转换到满足状态，又到产生新需要的循环过程（如图3-7所示）。

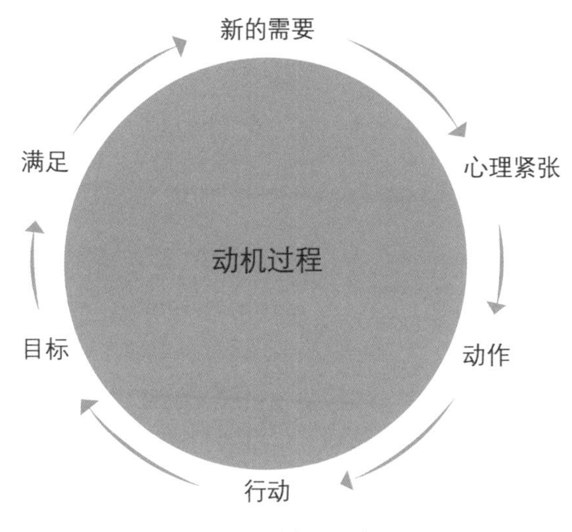


图3-7 动机与需求

了解用户的本质需求十分重要，因为只有了解了用户的本质需求，才能找到真正的解决方案，在解决了用户的需求后才能创造价值。

用户需求按其是否在购买行为中表现出来分为显性需求和隐性需求。显性需求是指用户意识到并有能力购买且准备购买某产品的有效需求。隐性需求是指用户没有直接提出、不能清楚描述的需求。通常而言，显性需求比较容易识别，隐性需求则比较难于辨认，但是在用户决策时隐性需求经常起决定作用，因为隐性需求才是客户需求的本质所在。用户体验研究员可以通过询问用户或焦点小组[1]等方式了解显性需求，通过情境访谈、洞察、同理心等方式去体会和发现隐性需求。

① 焦点小组，即小组（焦点）座谈，由一个经过训练的主持人以一种半结构的形式与一个小组的被调查者交谈，主持人负责组织讨论。

在了解用户需求的过程中，用户体验研究员会记录很多想法和意见，并且在产品发布后，也会收到很多用户的意见反馈。当整理这些意见反馈时难免会有这样的疑问：这么多的用户，每个人提出的需求都要考虑吗？答案是否定的，主要有以下原因。

首先，用户说的不一定是心中所想的。人是复杂的生物，多种因素会影响到他的思考和决策。比如，受从众心理的影响，有的用户可能会倾向于盲目赞同其他用户的观点，还有的用户可能会受到社会期望因素的影响，猜测其他人希望自己做出某种选择。

其次，用户没有表达出自己的真实需求。人们说出来的一般只是表面的想法，不一定代表他们心中的真实诉求。例如，用户说想要喝水，这是结果，是表象，而口渴了才是真正的需求，是激发喝水这一需要的原因。

再次，提出自己需求的用户并不一定是你的目标用户，他的意见也可能没有太大的参考价值。比如，你开的糖果店里突然出现一个醉醺醺的男子，大叫大嚷："为什么你们不卖酒，商店里连酒都没有还叫什么商店？我要喝酒，不然以后我再也不来你们这儿了。"这样的意见当然不必理会，因为很明显该用户不是你的目标用户。

最后，用户意见不一定专业。用户提出的很多需求只是一种直观感受，可能没有经过缜密的思考。有的时候用户提出的需求甚至是不合理的。

## 2．同理心

同理心的英文为empathy，据《牛津高阶英汉双解词典（第8版）》，其词义是"the ability to understand another person's feelings, experience, etc."，即"理解别人的感觉、体验的能力"，中文翻译为"同感、共鸣、同情"。中国传统文化中有"人同此心，心同此理""合情合理"这些表达情理一致的语言，"理"是"心"的"理"，与"情"是交融的，因此翻译为"同理心"。

另外，还有一个名词是"同情心"，它与"同理心"只差一个字，但有着截然不同的含义。同理心是一种站在他人的角度理解和感受他人经历的能力，是"对于他人的经历，他有什么感觉"的体会，而同情心并不需要分享与他人相似的情绪状态，是“对于他人的经历，我有什么感觉”的体验。

在用户体验中，如果用户向你分享他在一个情境下的需求或烦恼，拥有同理心则意味着你需要将自己置身于相应的情境中，与用户心连心，感受用户所说的需求和烦恼，挖掘背后的原因，而不是对用户的需求和烦恼做出主观评价。同情心的反应则是徘徊在用户所描述的痛点的外围，给出“这确实是一个糟糕的体验”的反馈。由此我们可以看出，同理心能够帮助用户体验研究员更好地洞察。

之所以重视同理心，强调用户体验设计师要培养同理心，是因为用户的体验本身就是一种情理交融的完整感受。虽然“体验”这个词“可意会，不可深究，似乎那是理性之光照射不到的地方”，但体验“这种感受可以通过共鸣而获得普遍性”。培养同理心，就是强调要有能力理解用户的体验。

用户体验设计中的同理心主要有以下三个特征。

第一，同理心是以用户为中心的，是站在用户的角度对用户在特定情境下或是在与产品或服务发生交互过程中的痛点和需求的感知。

第二，同理心是把接收到的对痛点和需求的理解传达给用户的一种沟通交流方式。通过交流，用户体验研究员不断澄清用户的真实需求，挖掘用户的隐性需求。

第三，用户体验设计师运用同理心接收用户提供的信息，但不能评价这些信息。

但要注意的是，讲求“同理心”并不是要变成用户，因为一旦用户体验设计师认为自己就是用户，便会忽视用户的群体性特征，导致研究丧失客观性。用户体验设计师运用同理心，是指将一只脚踏进用户的内心，而另一只脚应紧紧地踩在客观判断力上。

## 3．洞察力

洞察力是指对用户体验活动细节的挖掘能力。“如果我问消费者他们想要什么，他们应该会告诉我：‘要一匹更快的马！’”这是福特公司创始人福特的一句经典名言，它很好地揭示了洞察力在用户体验中的重要性。他曾在一百多年前四处拜访他的用户，询问用户心目中的理想出行方式，而所有人给他的答案几乎都是需要一匹跑得更快的马。但福特并没有急于去配种精良马匹，而是继续深挖和洞察用户需求。他发现，用户表面上是想要更快的马，但实际上是想要一种更快、更便捷的出行方式。于是，汽车诞生了。

我们需要重点洞察的是那些具有强烈动机的行为。在用户研究过程中，倾听是一种最常使用的方法，但是用户体验研究员往往只能通过倾听了解用户的需要或行为，如果想要深挖用户的需求和动机，则需要洞察。这就好比认识一座冰山，如图3-8所示，倾听往往只能得到“冰面”以上的信息（映射的是用户的需要和显性需求），而洞察往往可以获得“冰面”以下的信息（映射的是那些用户说不出来，甚至是自身都无法察觉的隐性需求）。用户的真实动机深藏在“冰面”以下，那也是用户真正的需求本质。

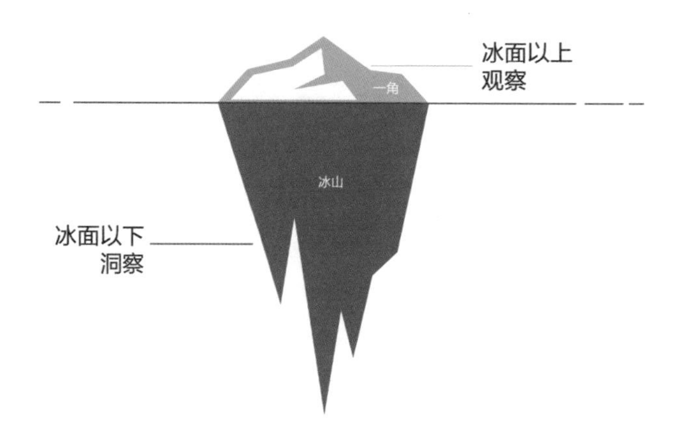


图3-8 洞察需求背后的真实动机

洞察往往是用户体验研究员在与真实用户进行交流后，基于所获得的用户数据进行的。例如，用户体验研究员希望获取用户在驾车过程中的核心需求，他可以围绕“驾车过程中出现的困难和解决方法”这一问题对用户进行访谈，针对用户的回答不断向下挖掘回答背后隐藏的真实需求，再整合大量的用户反馈信息，将他们分类、归纳（可以通过列表的形式实现）。当然，在实际的用户研究中，访谈的问题通常不止一个，表3-1是通过访谈进行洞察的一个例子。

表3-1 通过访谈进行洞察举例

| 访谈问题 | 用户回答 | 追问 | 用户回答 | 洞察 |
| --- | --- | --- | --- | --- |
| 你在驾车过程中遇到了什么困难？ | 总有行人会乱穿马路。 | 为什么？ | 我有时会注意不到他们，非常危险。 | 用户希望汽车可以帮助他们防止未知的危险。 |
| | 有些时候我不得不在开车时接电话。 | | 这会导致我注意力不集中，容易发生车祸。 | |
| | 总有车辆不按规则开车。 | | 我无法预估这些违规车辆的行动轨迹，容易发生碰撞。 | |

访谈是洞察的工具之一。用户体验研究员在设计访谈问题和正式访谈时可以采用“攀梯术”（如图3-9所示）的方法，去探究用户对产品功能和产品特性的态度以及背后的原因。这种方法要求研究者在访谈时不断去问询用户回答后的原因，从而帮助他们找到产品属性与个人价值之间有意义的关联，进而探索影响用户决策的因素。

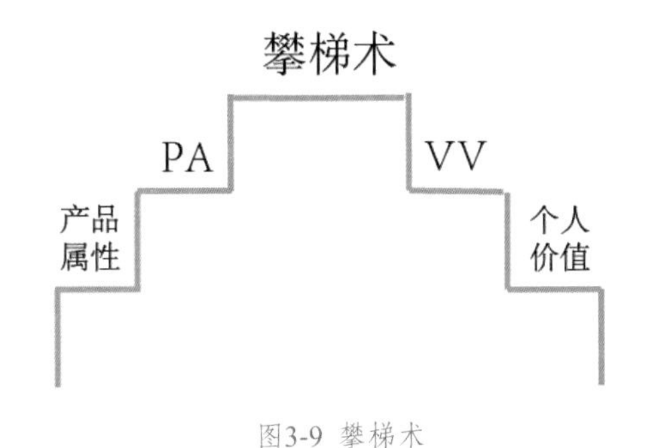


图3-9 攀梯术

举一个攀梯术应用的经典案例（如图3-10所示）。从“蒜香味薯片”到“自尊心”的过程就是利用攀梯术将需求洞察清楚的过程。产品也从“普通产品”变成了“爆破型产品”。对于人性的把握不但可以让用户体验研究员洞察用户需求，更可以让他们遇见更大的市场，拥有更广阔的资源和视野。

又如，在访谈中用户可能会告诉用户体验研究员：希望汽车可以拥有自动提示周边行人的功能。那么用户体验研究员应当继续追问通过这项功能用户是为了达到什么目的。这时我们就会发现，用户并非想要这个功能本身，而是希望产品或服务能帮助他们构建出行的安全感（马斯洛需求层级中的第二层级）。

“洞察力”是用户体验研究的一项基本能力，要求用户体验研究员拥有敏锐的观察能力、从现象到本质的分析能力以及运用结论指导行动的能力。因此，用户体验研究员要注意日常大量知识的积累、思维模式的训练及养成，以及“集体智慧”外的“大智慧”的培养。

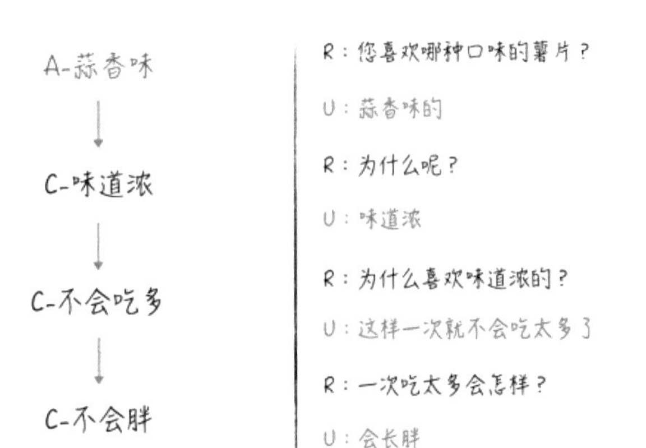


图3-10 经典薯片案例

# 扩展阅读——与大咖面对面

猎豹移动用户体验总监根据其团队工作方式和实战案例介绍了用户体验行业趋势。

第一点，情感化设计。虽然猎豹在几年前的主要产品是工具类产品，但我们并不认为它们只是冷冰冰地帮助执行某种任务或某种功能的应用。如果用户在使用这些工具的时候能够感觉有趣、好玩，甚至能欣赏到一种美，那这些工具就能给用户提供更好的用户体验。大家会看到，我们在设计中会给用户一些反馈，如结果页中会显示“有一些App正在偷用你手机的电量”。用户觉得这种反馈方式十分有趣。我们还会将界面上的一个快捷入口做成宇宙星空的样式，从而让用户联想到美丽的情境。

举一个例子，我们在为直播产品设计游艇礼物动效的时候会用兴趣预测曲线，我们把游艇各种行为对应到兴趣预测曲线的不同节点上，游艇进场，劈开水花进场，第二个小高潮，它打开非常漂亮的灯光，中间过渡的时候，兴趣取向会下降，把时间从白天转到黑夜，到最后小高潮是烟花的退场。

我想跟大家分享一个用户的反馈。那是一位加拿大女孩，当时感冒了。在直播前期心情一直不好，后来有一个观众送给她这样一个游艇，她立刻露出了惊喜的表情。我觉得这正是我们所追求的效果，即给用户带来惊喜，也是对我们设计工作的最大肯定。

下面介绍一下我们的用户研究工作。猎豹移动的研究工作是要贯穿产品整个生命周期的，即从产品规划改版到设计。在产品规划改版的过程中，我们的用户研究团队跟产品经理一起挖掘用户需求，访谈用户，走查，上线之后还要调查用户口碑，等等。

用户体验研究员在移动互联网公司碰到的挑战是：面对速度非常快的更新，该怎样调整自己的方法和节奏？怎样把自己的工作从大的项目里碎片化？因为移动大数据有很多工具，所以用好数据工具也是用户体验研究员面临的挑战。

在猎豹安全大师改版前期，有台湾地区的用户体验研究员去做用户访谈。该视频在公司内部播放，异地产品经理也都可以看到，大大提高了参与度。

以我的经验来说，如果产品经理还有开发人员参与了我们的用户研究过程或者设计过程，那么结果的质量和结果的效果会大大提高。

我们可以根据用户结果分析需求，建立用户画像，进行头脑风暴，根据用户建议的效果及可行性对它进行分类，将效果好、可行性高的建议放在产品里。快速原型也是我们经常使用的方法，它可以快速实现交互设计师的概念，在纸上模拟这些信息的布局。你可以感受到它的合理性。当我们把模型放在灯光下对它进行操作时，各个UI元素之间的关系、光影变化、真实情况是怎样的，其实跟我们不做原型差别还是很大的。

根据需求目标去采集数据和开展数据分析常用的方法主要有定量研究和定性研究两种。定量研究是指用数理统计的工具分析可量化的行为数据，确定不同事物之间的因果关系。这种方法侧重于对数据的数量分析和统计计算。定性研究是指用一种偏向于人本主义的研究方法进行信息的收集，并基于对研究对象一定程度上的理解，对信息进行整理和分析。定性研究所收集的信息基本上是质性的资料。定性研究主要依靠对人文资料的收集和整理，理解用户行为背后的原因。定量研究与定性研究在用户数据的收集与分析中相互补充，相辅相成。本书只选取了较为经典的方法进行阐述，更多的研究方法可见系列丛书之《用户研究》。

# 第一节　定量研究与定性研究

定量研究通常采用数学分析的方法。以最常用的定量研究方法——问卷调查法为例，用户体验研究员可以对收集到的数据进行描述性统计分析或推论统计分析。在描述性统计分析中，用户体验研究员可以利用平均数、中位数、众数、最大值/最小值、标准差、频率、相关性等数据指标对样本总体进行描述，这些指标的计算往往对封闭式问题的分析非常有效。在推论统计分析中，用户体验研究员可以通过样本数据去推断总体数据的特征，通常用到的方法包括T检验、卡方检验、方差分析等。在进行定量数据分析的过程中，用户体验研究员可以利用Excel表格、SPSS、SAS、R语言等常用的数据分析工具作为辅助。数据分析结果可以以图表化的形式呈现（如图4-1所示）。

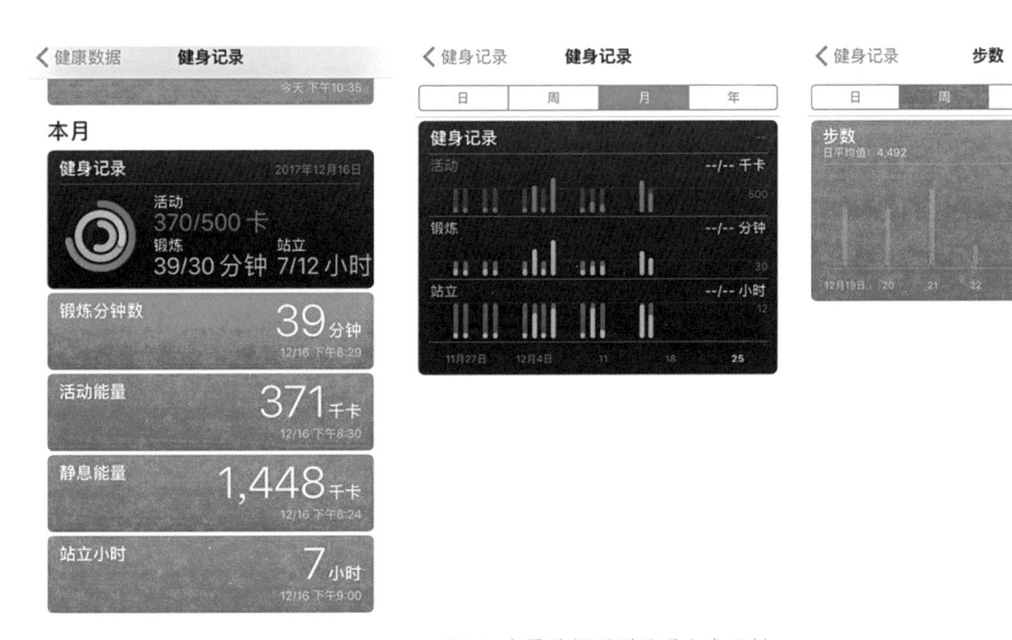


图4-1 定量数据图形呈现方式示例

定性研究与定量研究不同，该方法强调对社会现象的深入了解与分析，关注所观察对象的本质核心以及被研究者在特定情境下的行为背后的核心原因，并得出关于行为表现的解释。定性研究能够帮助我们理解产品潜在的用户行为、态度与倾向，将要设计的产品中所含的技术、业务和情境——问题域，问题域中的词汇和其他社会方面，以及已有的产品及其使用方式。

对于由定性研究方法获取的数据，用户体验研究员可以采取亲和图的分析方法。首先将收集到的文字数据进行整理，并将有价值的文字数据抄写到小卡片上（通常利用便利贴实现）。这里提到的文字数据可以是桌面调研的结果、访谈中记录人员的笔记、访谈的录音或是转录数据、用户的原话、观察人员的总结，等等。然后将这些小卡片随机排列在亲和图空间中（墙壁或是白板等位置）。随后，用户体验研究员对这些卡片进行分类整理，依据相似的结果或概念对卡片进行分组，据此可以得出数据间的关系、中心内容和趋势等信息。

定性研究与定量研究都有其优势与局限性，因此在分析时，用户体验研究员更多采用定性研究与定量研究相结合的方法，使分析结果更加可靠、有效。

# 第二节　问卷调查

问卷调查是一种运用一系列问题及其他提示从受访者处收集所需信息的方法。问卷调查法可用于研发流程的多个阶段。在设计初始阶段，此方法可用于收集目标用户群对现有产品或服务的使用行为与体验信息。问卷调查亦可用于测试产品或服务的设计概念，以帮助用户体验设计师对不同方案进行选择，同时也能评估消费者对概念的接受程度。问卷调查法能帮助用户体验设计师获取用户的认知、意见、行为发生的频率，以及消费者对某一产品或服务的设计概念感兴趣的程度，从而帮助用户体验设计师确定对产品或服务最感兴趣的目标用户群。

## 1．方法

问卷的形式有多种，如面对面提问、电话问卷、互联网问卷、纸质问卷等，用户体验研究员可以根据实际情况进行选择。问卷中的问题应以项目研究的问题为基础。有效地提问并不是一件简单的事，问卷的质量决定了最终结果的有用程度。问卷调查的结果取决于研究的目的，如了解某种用户行为或观点出现的频率、用户对现有解决方案优势与劣势感知的频率以及某种需求出现的频率等。这些调查结果可以为用户体验研究员提供目标用户的相关信息，并有助于他们找到设计项目中需要重点关注的地方。例如：

第一，依据需要研究的问题确定问卷调查的话题。

第二，选择每个问题的回答方式，如封闭式、开放式或分类式。

第三，设计问卷中的问题。

第四，合理、清晰地布局问卷，确定问题的先后顺序并归类。

第五，测试并改进问卷。

第六，依据不同的话题邀请合适的调查对象：随机取样或有目的地选择调查对象（例如，熟悉该话题的人群也分不同年龄与性别等）。

第七，运用统计数据展示调查结果，以及被测试问题与变量之间的关系。

## 2．案例

本案例采用桌面研究和问卷调查的方式，对微投影摄像设备进行研究，发现市面上在售设备的优缺点、用户接受程度，以及用户对摄像设备投影功能的使用痛点和交互偏好。我们通过线上问卷调查，一方面验证了在桌面调研中得到的结论并探索用户动机，另一方面可以探索性地了解目标用户对产品的态度倾向和使用习惯。

针对本案例我们编制了一套含有23道题的调查问卷，分为四部分命题。第一部分验证在桌面调研中得到的结论，即用户在旅行情境下的行为习惯和对智能摄像设备的使用动机。第二部分探索用户对微投影相关产品的接受程度和态度倾向。第三部分研究用户在使用摄像设备投影功能时的痛点、需求以及交互偏好。第四部分收集用户人口学信息，以便进行数据统计和处理，也为接下来的访谈做好准备。

本问卷的调查对象是有着不同工作背景、不同收入、不同受教育程度的“90后”用户。我们采用线上收集问卷的形式，共收集到319份样本，其中“90后”用户的样本数量为200份。他们的职业主要是学生、普通职员和专业人员（如医生、教师、律师等）。以第一部分为例。

如图4-2所示，对于“为什么喜欢用这个设备拍照”这道多选题有177人选择了“体积小，方便携带”，可见在旅行过程中用户对于摄像设备最大的要求就是便携。“方便与他人分享”也是“90后”用户比较关注的点。有87人选择了“操作简单快捷，容易上手”，这一项对于用户来说比更多功能和拍照质量高都更为重要，这说明“90后”用户比较喜欢操作简单、容易上手的设备。在这一题中，选择“屏幕大，播放更清晰”的只有4个人，这说明现有的摄像设备大多无法做到大屏幕清晰播放，微投影摄像设备在大屏幕播放这方面还有很大的发展空间。

如图4-3所示，在拍照过后，87.5%的人都有与同伴分享的欲望，53.5%的人会希望在当天行程结束后与同伴分享，这也验证了之前的情境设定是正确的。显然在当天的行程结束时，“90后”用户是最想与同伴分享的，那也就代表着在当天旅行结束的时候，用户最有可能使用智能摄像设备的投影功能进行分享。当然，对于想立刻分享的用户，目前的微投影摄像设备的亮度可能无法实现在任何环境中都能投影，还是需要相对较暗的环境，而希望回家后再分享的用户大多就会选择用家中的电视、电脑来操作，很难再用到设备本身的投影功能。因此，我们更加确定，智能摄像设备投影功能的使用场景是在当天行程结束后与同伴进行分享这样的场景。

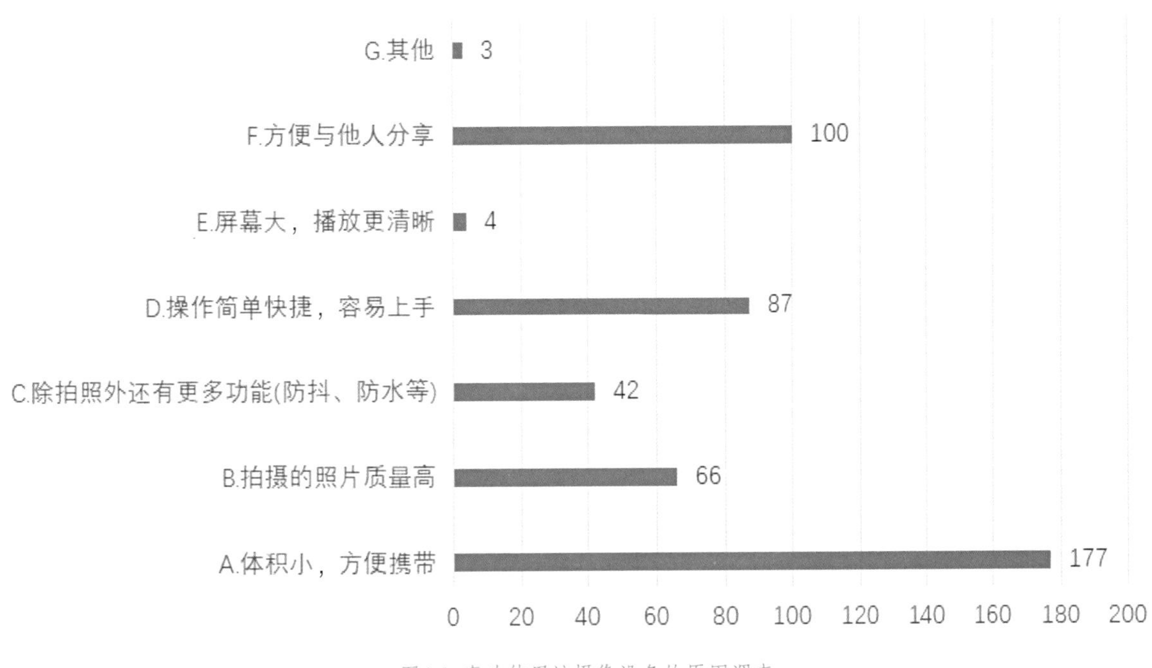

图4-2 喜欢使用该摄像设备的原因调查

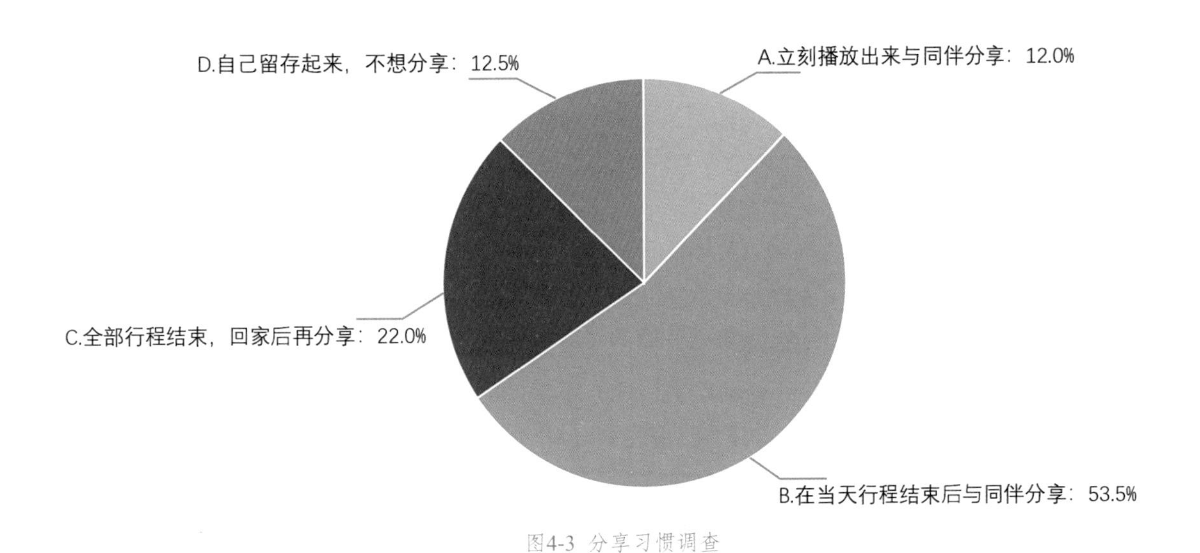


图4-3 分享习惯调查

# 第三节　用户访谈

用户访谈是一种直接、正面获取用户想法的方式，经常与用户观察结合使用。与用户进行深度访谈，能够帮助用户体验研究员增强同理心，并在方向选择与产品设计时提高决策的可信度。

这是一种面对面交谈的方式。这就意味着用户体验研究员不但能获得访谈中的文字内容，还能获得其他有价值的信息，如用户回答问题时的语音、语调、面部表情，甚至是肢体动作，这些信息都在传达用户的情绪。这是用户体验设计师在产品设计出来之前，判断用户是否喜欢该产品的一个重要依据。用户访谈法作为一种定性的方法，比问卷调查法有一个明显的优势，那就是可以挖掘用户的深层动机，将交叉分析中得到的可能性在访谈中一一进行验证，并通过让被访者回忆具体发生的事情以及不断地追问了解用户的内在需求。

## 1．方法

访谈法（如图4-4所示）是心理学研究中广泛运用的研究方法。在访谈前，用户体验研究员需要制定访谈大纲，包括访谈主题、访谈对象、访谈问题等。访谈问题可以是结构化的，即详细地罗列出整个访谈的问题，这样可以保证用户体验研究员在访谈中了解到全部想要了解的内容。访谈问题也可以是半结构化的，即在访谈前罗列出希望访谈到的关键点，然后根据用户的回答进行发散和延展，可针对用户回答中的一个点进行深度挖掘。当用户体验研究员认为了解程度足够时可转换到另外一个关键点上。

在访谈前，用户体验研究员准备一份确保在访谈过程中能覆盖所有相关问题的话题指南。该指南既可以是结构严谨的（如问卷形式的），也可以是根据被访者的回答自由组织的。我们建议用户体验研究员在实践前先做一次试验性访谈，又称预访谈。访谈的次数取决于用户体验研究员是否得到了所期望的信息。如果他们认为下一次访谈难以得出更新的信息，则可停止访谈。研究表明，在评估消费者需求的调查中，10～15次访谈能

图4-4 用户访谈

够反映80%的用户需求。

访谈的主要流程如下：

第一，制定访谈指南。列一个涵盖与研究问题相关的各类话题的清单，并在试验性访谈中测试该指南。

第二，邀请合适的采访对象。依据项目的具体目标，一次访谈可能需要6～8名被访者。

第三，实施访谈。一次访谈的时长通常为1小时左右，访谈过程中往往需要进行录音记录。

第四，记录访谈内容或总结访谈笔记。

第五，分析所得结果并进行归纳总结。

访谈法的优点是灵活，可以及时了解和澄清不明确的信息，随时改变和调整，适用范围广泛，对访谈对象的要求不高，如没有文化水平的限制。另外，访谈法可以在收集相关资料的同时了解被访者的动机、个性和对特定问题的情绪反应。访谈者可以通过与被访者建立融洽的关系，使被访者坦率直言，从而使结果更可靠。

访谈法的缺点也是明显的。首先，访谈结果的汇集、编码和处理分析过程非常复杂，需要用户体验研究员有较高的专业素养并接受过系统训练。其次，分析访谈资料的许多方法，如NVivo文本分析软件尚不普及。

再次，访谈者自己的价值观、信念和偏好，有可能会影响被访者的反应。最后，访谈法要花费较多的时间和精力，且难以大范围内收集数据，需要与用户深入合作，这方面可能会有困难。

## 2. 案例

在盲人的感知能力在汽车用户体验中的应用研究中，对司机用户群体的痛点和需求展开研究的目的是探索盲人的感知能力在汽车用户体验中的应用。研究者首先采用同理心地图的方法，对盲人的感知能力有了大致体验和了解，与盲人产生了共情，为下阶段在访谈中设置大纲及追问奠定了基础。然后采用深度访谈的方法，探索盲人在出行中所使用的感知能力，了解盲人在出行中所感知的信息以及这些信息的功能。另外，通过建立针对司机群体的工作坊，利用访谈法，挖掘司机群体在出行中的痛点和需求以及痛点和需求背后的潜在原因。

（1）目的

本研究结合大众汽车集团的企业需求，将痛点聚焦于“导航问题”和“驾驶时视线受阻，看不见前方路况”这两个问题上，挖掘这两个痛点背后的原因，以便帮助用户体验设计师将盲人的感知能力特点转化为设计，从而更好地解决痛点。

（2）被试

本次一对一访谈中共访谈被试15人，男性被试有6人，女性被试有9人，平均年龄为28.9岁，平均驾龄为4.8年。访谈被试基本情况如表4-1所示。在访谈前，主试向被试介绍访谈的基本情况，被试同意后进行访谈。

表4-1　访谈被试基本情况分布表

| 变量 | 类别 | 人数 | 百分比 |
|---|---|---|---|
| 性别 | 男 | 6 | 40 |
| | 女 | 9 | 60 |
| 总数 | | 15 | 100 |

（3）访谈大纲

如表4-2所示，访谈大纲主要分为两部分：第一部分是关于使用导航时的痛点，包括导航信息不明确的表现及原因，边看导航边开车会影响注意力的原因及后果，导航信息不准确的表现及原因，导航信息提示不及时的表现及原因。第二部分是关于驾车时视线被阻挡的痛点，主要了解司机在驾车过程中当视线被阻挡时希望得到的信息。

表4-2　访谈大纲

| 一级问题 | 二级问题 | 目的 |
| --- | --- | --- |
| 使用导航的时候有什么痛点？ | 导航信息不明确的表现和原因是什么？ | 了解使用导航的痛点，以及导航信息不明确、边看导航边开车会影响注意力、导航信息不准确、导航信息提示不及时这些痛点背后的原因。 |
| | 边看导航边开车会影响注意力的原因及后果是什么？ | |
| | 导航信息不准确的表现和原因是什么？ | |
| | 导航信息提示不及时的表现和原因是什么？ | |
| 在驾车时，有没有遇到过视线被阻挡的情境？ | 当驾车过程中视线被阻挡时，希望得到的信息有哪些？ | 了解在驾车过程中视线被阻挡时，司机所需要的关键信息。 |

（4）访谈过程

访谈过程主要包括以下几个步骤。

第一，向被试介绍项目的背景以及访谈的目的和意义，与被试签署访谈知情同意书。

第二，主试按照访谈大纲对被试进行提问，被试回答，主试记录被试的回答内容，并且针对被试的回答进行追问，不断探索被试行为背后的潜在原因、情感以及态度。

第三，在征得被试的同意后，主试对访谈全程进行录音。在访谈过程中，主试要充分尊重被试的个人意愿，不强迫被试回答问题，要恰当地使用倾听和澄清技术，与被试共同挖掘潜在信息。

（5）研究结果与分析

当收集完所有的访谈数据（包括录音文本、现场记录和可视素材）之后，用户体验研究员开始进行定性分析。分析的方法与之前访谈所运用的分析方法相似：其一，先将所有的录音进行逐字转录，然后独自阅读转录文件并标记出相关的转录内容，将其作为一级编码。其二，在整理的资料中发现属性和类别，并寻找有效信息之间的相关性，将其作为二级编码。其三，选出核心的关键类别进行分析。

# 第四节　焦点小组

焦点小组采取的是集体访谈的形式，用于讨论与某个产品或服务的设计相关的话题。访谈的参与者主要是被开发产品或服务的目标用户群。这种方法可以在产品研发流程的多个阶段使用。在设计初始阶段，此方法可用于获取产品或服务使用情境的相关信息以及用户对现有产品或服务的反馈意见。在创意产生阶段，此方法可用于测试产品或服务的设计概念。焦点小组这个方法可以为用户体验设计师提供选择设计方案的依据，也可以用来收集用户对未来产品开发的意见。使用焦点小组方法，能快速找出目标用户群对某一问题的大致观点和这些观点背后的深层意义以及目标用户群的真实需求。自由讨论容易催生许多意料之外的新发现，这些信息弥足珍贵。如果想更深入地了解其中个别用户，则可继续进行用户访谈。

## 1．方法

要想将所得结果拓展到一般层面，研究者通常至少需要进行三次焦点小组讨论。每次讨论需6～8名参与者，一位主持人和一位记录员。主持人至关重要，应优先选择经验丰富者。在正式开始前，有必要进行一次模拟焦点小组讨论，测试并改进讨论的话题。讨论结果与使用焦点小组的目的息息相关，如了解产品或服务的目标用户群的需求、新产品的创意点子、目标用户群对现有产品或服务的认可度等。焦点小组讨论流程如下：

第一，列出一组需要讨论的问题（即讨论指南），包括抽象的话题和具体的提问。

第二，模拟一次焦点小组讨论，进行预访谈，测试并改进上一步中制定的讨论指南。

第三，从目标用户群中筛选并邀请参与者。

第四，进行焦点小组讨论。每次讨论1.5～2小时，通常情况下需对过程录像，以便于之后的记录与分析。

第五，分析并汇报焦点小组所得到的发现，展示得出的重要观点，并呈现与每个具体话题相关的信息。

需要注意的是，焦点小组不适用于参与者对面前的产品或服务一无所知或并不熟悉的状态。另外，小组进程对结果可能产生重大影响。例如，具备意见领袖特质的参与者可能迫使一组内其他人赞同他的观点，这也是需要优先选择有经验的主持人的原因。最后需要强调的是，因为每次讨论只有少数参与者，所以如果想将讨论结果推广至一般层面，则需要与其他定量研究方法，如问卷调查法配合使用。

## 2. 案例

本案例探索服务机器人如何在特定情境中满足特定人群的需求。由于问卷这种形式的灵活性不强，只能简单地对用户特点进行探索，收集到的数据只能帮助用户体验研究员了解用户的行为习惯是什么样的，深度不够。若想了解这些行为习惯背后的心理需求和动机，也就是“为什么”，还需要与用户面对面地交流。焦点小组最适合收集用户大致的观点、态度和习惯。

（1）对象

我们采用线上招募的方式，筛选出了19名咖啡爱好者（去咖啡店的频率为每周1~2次）。为了保证样本的多样性，19名研究对象来自设计、金融、信息技术等不同行业。每位研究对象都可以得到由古点公司提供的一杯免费咖啡。

（2）材料

研究小组开展了三场焦点小组讨论，19名研究对象分别参与到三场焦点小组讨论中，每场约90分钟。焦点小组讨论的目的是收集咖啡爱好者对咖啡店和科技应用的观点和态度。每场焦点小组讨论设置了八个不同的话题，三个关于咖啡店服务，五个关于科技应用，每个话题提出的目的不同，如表4-3所示。

表4-3　焦点小组讨论大纲示例

| 维度 | 话题 | 目的 |
|---|---|---|
| 咖啡店 | 谈谈古点空间（dotcom space）给你们什么感觉，如风格、配色、布局、服务态度等。 | 古点空间对自身的定位与用户认知中的定位是否匹配。 |
| | 去咖啡店的目的是什么？不同目的有什么不一样的期待？ | 了解不同情境下的不同需求。 |
| | 谈一谈你很喜欢或令你印象深刻的咖啡店。你为什么很喜欢它或为什么它令你印象深刻？ | 了解咖啡馆吸引用户的特点。 |
| 科技应用 | 分享最近使用的智能产品，谈谈感受。 | 对智能产品的了解程度、关注点。 |
| | 分享与机器人接触的经历。 | 对机器人的接受程度、态度。 |
| | 如果你在咖啡店看到了机器人，你们觉得他是来做什么的？在以下这些服务中，你们认为哪些是可以由机器人完成的？你们愿不愿意他代替服务员？为什么？ | 对咖啡店使用机器人进行服务的态度。 |
| | 大家希望或想象中的在咖啡店里走到身旁的机器人是什么样的？画一画。 | 了解对机器人外形的想法需求。 |
| | 除了提供服务，你们认为机器人还可以做什么？用户能与它有什么互动？ | 了解对机器人功能的想法需求。 |

（3）过程

每场焦点小组讨论包括如下五个步骤。

第一，研究人员让研究对象在古点空间内参观，目的是激活研究对象有关咖啡店的图式。

第二，研究人员依次开启话题1~3，研究对象可以自由地分享自己的想法或与其他人交流。

第三，在开启科技应用维度的话题前，研究人员为研究对象提供一些市面上智能产品的图片（如图4-5所示），如扫地机器人、智能马桶等。这些图片用于启发研究对象，引起回忆。

第四，研究对象继续就话题4~8展开讨论。

第五，研究小组整理并分析结果。

焦点小组讨论整个过程会被录像、录音，同时，观察者会进行现场记录，以捕捉细节信息和非正式的交谈内容。

（4）结果

研究小组对访谈数据（即访谈录音）进行了定性分析，分析过程分为三步编码和一步分类（如图4-6所示）。

第一，转录。对录音文件进行逐字转录，得到了38 180字的文字录音稿。

第二，引述。阅读访谈文字稿，引述与访谈目的相关或可能相关的内容（语句/段）。

第三，转述。阅读并理解引述内容，把握其中心思想并统计相同中心思想出现的次数，在不更改研究对象原意的条件下将引述内容转化为简练的语言。必要时参考访谈录像、录音，分析研究对象的表情、语气，理解研究对象言语的真实意思。

第四，聚类。将转述的内容写在卡片上，利用亲和图法（Affinity Diagram），依照内容相近性将它们自下而上地聚类，得到了一些发现。

综合这些结果我们可以发现，常去咖啡店的顾客希望能看到一家咖啡店的专业性、创新性、一致性和社交性，同时，他们乐意接受机器人作为劳动力的替代出现，并且希望它们具有情感化、有亲和力的特点。在巡场续水服务机器人的设计中，用户体验设计师要充分考虑顾客的这些观点和想法。

第一，专业性。专业性意味着一家咖啡店对于咖啡是专精、擅长且用心的。通过店内展示出的专业器皿（如虹吸壶、法压壶、咖啡机等），顾客可以感受到这家店是专业的。例如，一位顾客说："它（咖啡店）的吧

图4-5 用于启发研究对象的智能产品图片（从左上到右下依次是智能摄像头、智能报警器、智能手环、智能马桶、智能台灯、智能手柄、扫地机器人、智能门锁）

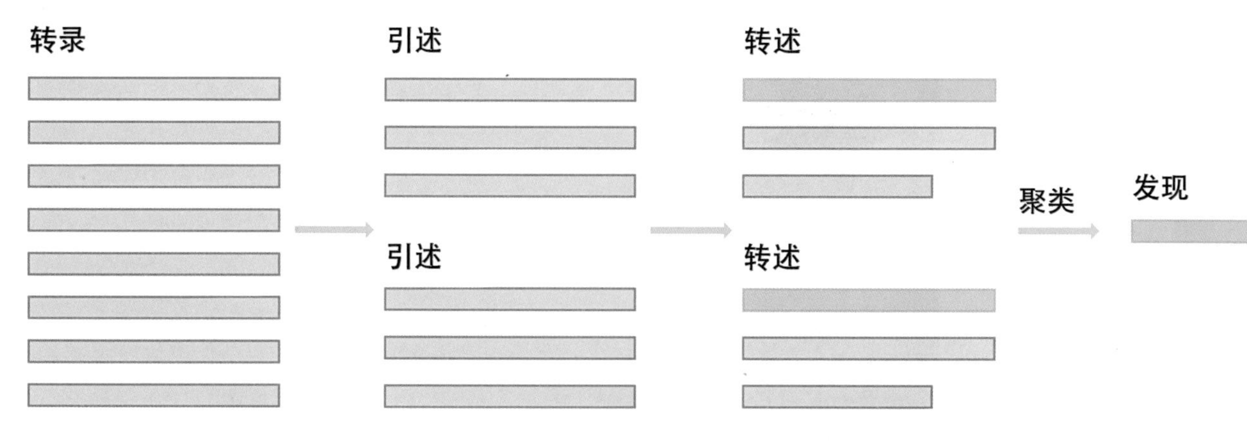


图4-6 焦点小组数据分析过程

台上放了很多做咖啡的工具，因此感觉他们是在很用心地做咖啡。”

第二，创新性。咖啡店的创新性意味着它拥有区别于其他咖啡店的特点，且这个特点能够带给顾客新奇感，如独特的装修风格，拥有在别的地方喝不到的创意咖啡等。例如，有位顾客谈道，自己曾去过的一家咖啡店里的薄荷咖啡在外面喝不到，正是这杯薄荷咖啡成为她频频光顾那家店的原因。

第三，一致性。一致性是指顾客在店内视、听、触、味、嗅这五种感觉通道上的体验的一致性。咖啡店不会因为风格、环境、手感、口感、气味的不一致而增加顾客的认知负担。例如，一位顾客提道：“我一进（咖啡店）来就闻到了咖啡（豆）淡淡的味道，我觉得很舒服。”

第四，社交性。社交性意味着来到咖啡店的顾客有机会接触到除自己之外的个体，即其他顾客和咖啡师。通过店里举办的小型活动、平日里旺盛的人气或是与咖啡师的交流，顾客可以体会到社交性。例如，一位顾客愿意在咖啡店里处理工作是因为“觉得身边有很多人”，有“人和人之间的情感”。

# 第五节 用户画像

用户画像，也称“人物志”，用于分析目标用户的原型，描述并勾画用户行为、价值观以及需求。用户画像是建立在对真实用户的深刻理解及对相关数据的高精准的概括之上的、虚构的、包含典型用户/客户特征的某个人物形象。用户画像虽然是虚构的形象，但每个用户画像所体现出来的细节特征是真实的，是建立在通过问卷调查等定量研究方法和用户访谈、焦点小组、文化探寻等定性研究方法收集的真实用户数据之上的。

构建用户画像的原因有两个：一是用户行为习惯发生改变，而企业无法直接接触到用户，无法了解用户需求。二是用户需求发生分化，企业需要细分用户，为目标用户开发产品。因此，用户画像是企业用于触达用户的手段。值得注意的是，用户画像并非真实个体，但却具备真实个体的状态、行为和需求特征。用户画像并非用来满足更多的客户，而是用来满足具有特定需要的特定个体。一个理想的用户画像通常包含如下信息。

一是状态：指出是主要用户、次级用户、三级用户还是特殊用户。

二是目标：确定用户的目标。

三是动机：找出用户要实现该目标的原因。

四是技能：分析用户背景和专业技能。

五是任务：列出用户基本任务和重要任务以及任务的频率、重要性和持续时间。

六是关系：用户与产品、系统或技术的接触点。

七是需求：记录用户原话，以帮助理解。

八是约束：过程中存在的那些限制和阻碍。

九是期望：用户认为产品如何使用等。

数据时代的用户画像其实是标签化的个体表述，是企业通过收集与分析消费者的社会属性、生活习惯、消费行为等主要信息的数据之后，抽象出的用户的一个商业全貌（如图4-7所示）。运用大数据构建标签化的用户画像通常被应用在互联网行业中，尤其是电子商务、金融等领域。一是因为这些行业易获取用户数据，二是因为这些行业有良好的数据分析能

"标签体系"方法

标签是某一种用户特征的符号表示

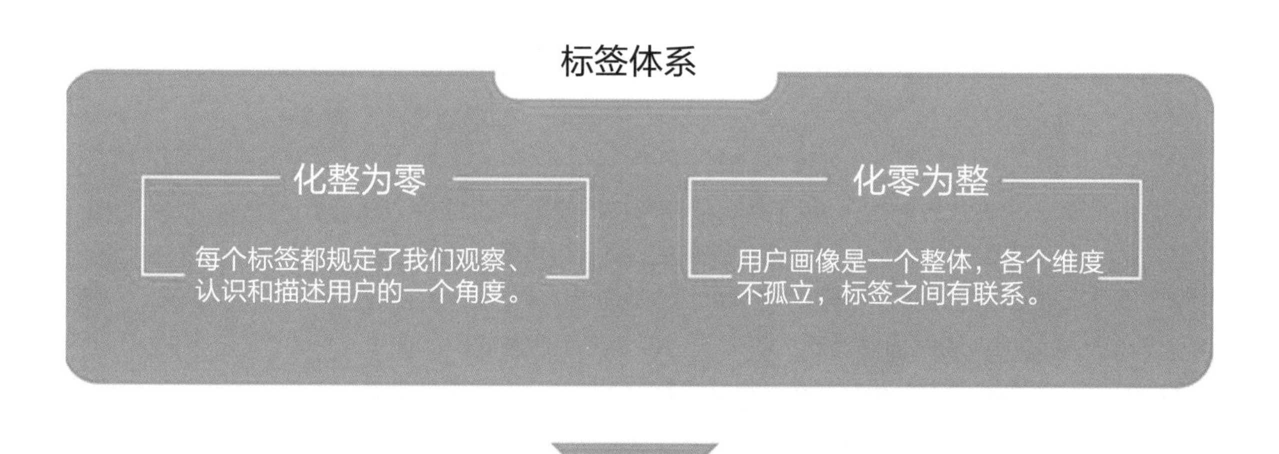


用户画像可以用标签的集合来表示

图4-7 数字时代用户画像的标签化

力。一个标签通常是人为规定的高度精练的特征标识。例如，年龄段标签"25~35岁"和地域标签"北京"呈现出两个重要特征：语义化和短文本。语义化使人能很方便地理解每个标签的含义，这也使得用户画像模型具备实际意义，从而能够较好地满足业务需求，如判断用户偏好。短文本是指每个标签通常只表示一种含义，标签本身无须再做过多文本分析等预处理工作，这为利用机器提取标准化信息提供了便利。构建用户画像是为了还原用户信息，因此数据来源于与所有用户相关的数据。用户标签云如图4-8所示。

以金融行业为例，银行具有丰富的交易数据、个人属性数据、消费数据、信用数据和客户数据。因此，构建用户画像时首先利用数据仓库进行数据集中，筛选出强相关信息，对定量信息定性化，生成大数据管理平台需要的数据。其次利用大数据管理平台进行基础标签和应用定制，结合业务场景需求，进行目标客户筛选或对用户进行深度分析。然后利用大数据管理平台引入外部数据，完善数据场景设计，提高目标客户精准度。最后

图4-8 用户标签云

找到触达目标客户的方式，对目标客户进行营销，并对营销效果进行反馈。例如，银行可利用“发卡机构数据＋自身数据＋信用卡数据”发现信用卡消费超过其月收入的用户，推荐其进行消费分期；可利用“自身卡消费数据＋移动设备位置信息＋社交活跃＋境外强相关数据（攻略、航线、景点、费用）”，寻找境外游客，为其提供金融服务。

用户画像的建立有利于用户体验设计师形成同理心。真实的细节描述还原了用户的行为习惯，并且可以有效地让用户体验设计师根据已有的细节推测出用户在特定情境下的五官感受，从而找到用户喜欢的方式，满足用户需求。

用户画像是建立在大量数据之上的，因此对用户数据收集阶段的精确度要求很高。还需要注意的是，用户体验设计师不能单独将用户画像作为测试工具使用，在设计后期依然需要利用真实的用户来评估设计。用户体验设计师为每个用户画像代表量身定做的设计并不一定符合社会情境，因此在制作用户画像的时候需要结合不同的情境。

## 1．方法

制作用户画像是指基于对真实用户的理解以及大量数据的支持，虚拟构建出包含典型用户特征的形象，描述并勾勒用户行为、价值观和需求等信息。用户画像可以帮助用户体验研究员在项目过程中摆脱自己原有的思维模式，沉浸到目标用户的角色中。制作用户画像一般需要经历收集用户数据、确定关键变量、聚类核心维度、丰富人物形象四个步骤。

（1）收集用户数据

在制作用户画像之前，用户体验研究员需要掌握以人口学数据为基础的用户特征数据，以及以目标和任务为导向的用户能力、状态、需求与期望等。

（2）确定关键变量

获得用户数据之后，用户体验研究员将会得到用户的性别、年龄、家庭情况、收入水平、文化水平、性格特征、兴趣爱好、消费观及价值观等信息。用户体验研究员需要挑选出导致用户对目标产品或服务产生行为差异的核心原因，如当用户体验研究员寻找健身产品的目标用户群时，用户健身的动机以及对健身的了解程度等因素可能会决定用户选择不同的健身产品。其中，健身动机及对健身的了解程度就是关键变量。

挑选出关键变量后，用户体验研究员需要将关键变量作为核心维度对用户数据进行分析，并且将核心维度按层次或阶段进行划分。例如，每个层次或阶段可以用用户的相关行为进行定义，从而使用户数据分析具有可操作性。

（3）聚类核心维度

得到了核心维度并对核心维度按层次或阶段进行划分后，用户体验研究员需要回顾用户数据，统计每位受访用户的行为特征出现的频率，并且在相应维度上的相应层次或阶段标出，用以推算该层次或该阶段所覆盖的用户数量。

接下来，用户体验研究员把分布在每个维度的层次或阶段连接起来，找出具有代表性的用户形象。在连接时需要注意以下两点。

第一，合理连接用户行为集中的层次或阶段。用户画像是为了在众多的目标用户中找到具有典型性的目标用户群体，所以在连接关键维度中的层次或阶段时，用户体验研究员需要将用户行为分布密集的信息连接起来，但是，要注意避免构架出现实生活中不存在的理想用户。

第二，合理覆盖每个核心维度中的“极端层次或阶段”。很多用户体验设计师在设计时往往会关注维度中的“高信息值”的层次，而忽略了“低信息值”的层次。因此，用户体验研究员在制作人物画像时需要全面考虑覆盖范围，可以将关于该群体的一个或多个极端需求合理地划分在内。

（4）丰富人物形象

完成核心维度聚类后，用户体验研究员将用户类型进行进一步细节描述，使得人物形象变得更丰满。一般来说，用户画像中的信息包括用户照片、用户基本信息、分类标签、典型语录及与产品或服务相关的特征和需求描述。最后，用户体验研究员将这些关键信息整合在一个版面上，以最优的视觉效果传达给用户体验设计师（如图4-9所示）。

| 人物 | 个人信息 | 信息技术使用程度 | 核心需求 |
| --- | --- | --- | --- |
| 照片<br>名字<br>年龄<br>职业<br>分类标签<br>典型语录 | •教育背景<br>•工作状态<br>•家庭状态<br>•所在城市及生活环境<br>•兴趣爱好/休闲生活<br>•对社交/政治等环境的态度<br>•愿景/目标/动机 | •互联网的使用程度<br>•硬件产品的使用程度<br>•应用程序的使用程度<br>•对新技术的观点/态度<br>•对硬件及特殊设备的操作水平 | •与目标产品/服务的关系<br>•对目标产品/服务的观点及态度<br>•相关竞争产品/服务的使用情况<br>•相关产品/服务配件及周边服务使用情况<br>•使用相关产品/服务的情形<br>•最常使用的功能<br>•当前面临的问题或障碍 |

图4-9 人物画像关键信息

## 2. 案例

下面是一个关于健身用户群聚类的例子。在这个例子中，我们将“健身动机”、“健身欲望”、“健身潜力”、“健身社交倾向”以及“对健身的了解”作为研究健身用户群体的关键变量并进行层次划分，再通过以上两个原则尝试连接，最终聚类出了“社交型健身党”“出汗打卡族”“达标自律型”三种典型的健身用户（如图4-10所示）。

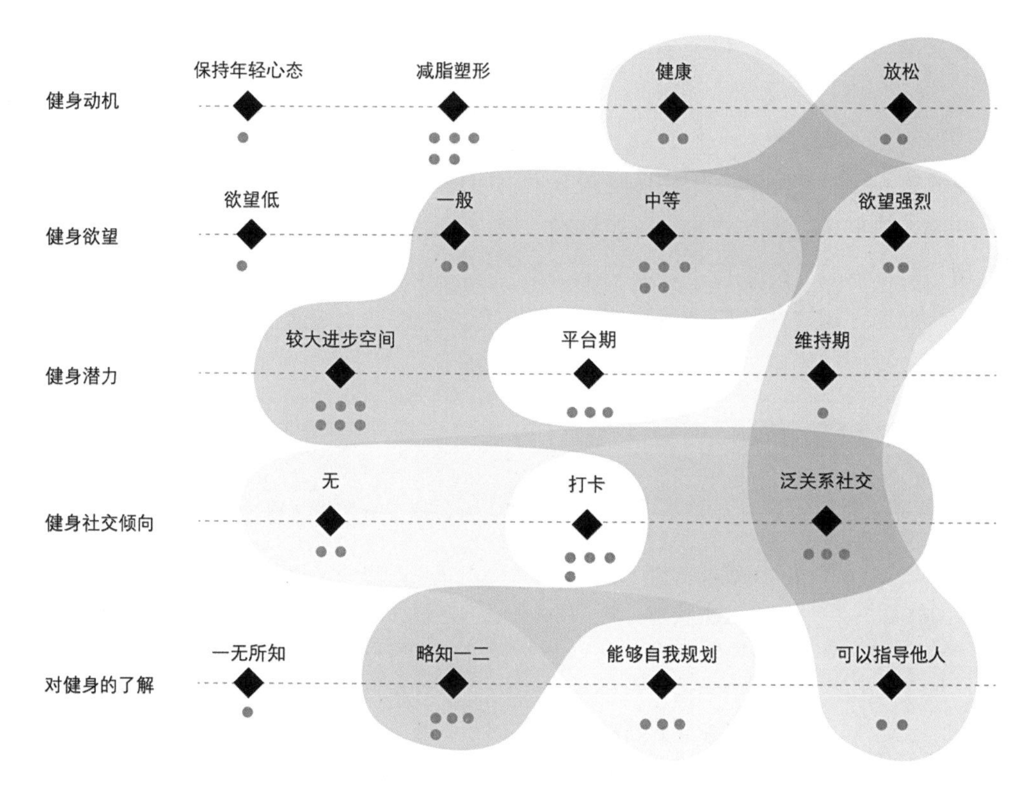


◆紫色代表“社交型健身党”；◆黄色代表“达标自律型”；◆灰色代表“出汗打卡族”

图4-10 聚类分析——三种人群

“社交型健身党”的健身动机为放松身心，健身的欲望并非十分强烈，希望在健身的同时拓展自己的泛关系社交，这类人群的社交属性值得被关注。“出汗打卡族”的健身欲望强烈，并通过在健身过程中建立起来的社交群来实现彼此监督。“达标自律型”并没有强烈的社交欲望，更多的是关注自己的健身数据，通过数据实现自我监督。以下是关于“出汗打卡族”用户群体人物画像的案例（如图4-11所示）。

**25 研究生 未婚【健身入门】**

“只要我想，我就能瘦！”

内向 外向

理性 感性

积极 消极

动机

鼓励

恐惧

成就

成长

力量

社交

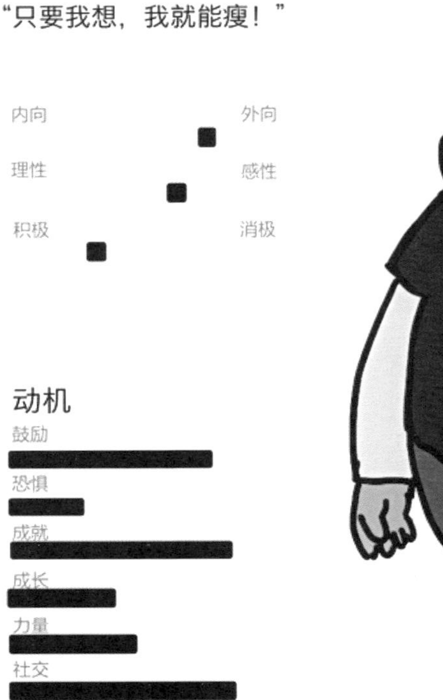

**徐帅**是一个身材中等的研究生，每次假期的胡吃海喝总让他爽快之后后悔不已，减肥之旅反反复复。为了快速减肥，他什么方法都用过，也算有一套章法，但大多是自己网上查的健身方法，训练时断时续，没有长期效果验证。

## 挫折

- 不确定训练方法是否科学。
- 短期内难以见效。
- 难以长期坚持健身。
- 一个人健身太孤独了。

## 需求

- 快速减肥，快速见效。
- 保持身材，不用太瘦，适中就好，有一个良好的形象。
- 做一个自信的人。

图4-11 “出汗打卡族”用户画像

# 第六节　用户旅程图

用户旅程图能帮助用户体验设计师深入了解用户在使用某个产品的各个阶段中的体验感受。它涵盖了各个阶段中用户的情感、目的、交互、障碍等。在实际用户体验流程中，用户体验行业从业者可以通过绘制用户旅程图来梳理场景中的用户行为，记录用户与场景的接触点和情感变化，发现用户的痛点与满意点，提炼功能需求点与商业机会点（如图4-12所示）。

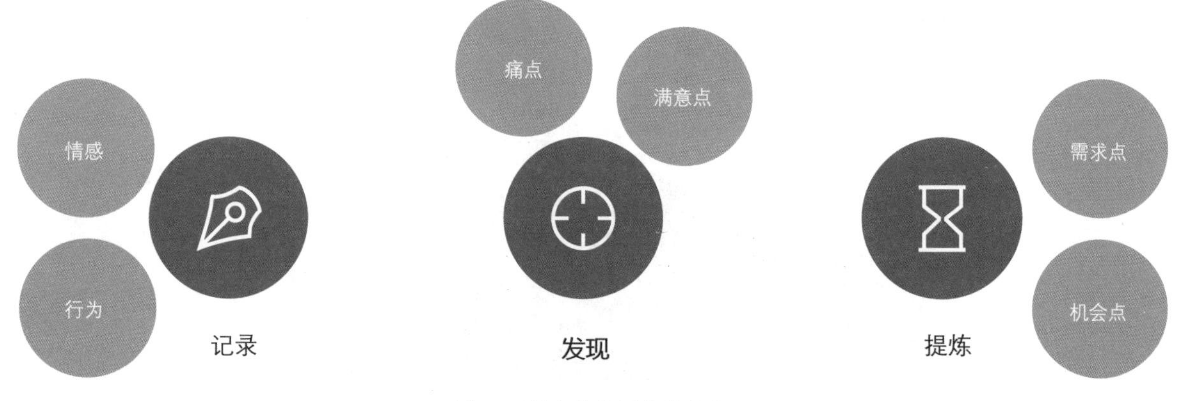


图4-12 用户旅程图的关注点

在整个设计项目中用户体验设计师都会用到用户旅程图。在项目开始时，首先研究用户及其体验，以此引导绘制用户旅程图（即在产品使用过程中各阶段的图形表达）。用户旅程图可以十分有效地帮助用户体验设计师在设计项目接下来的各个阶段中发现自己的知识匮乏之处，从而保证在之后的进程中补充并获取这些知识。用户体验设计师也能依据用户旅程图集中精力做设计，并及时在地图上标注设计改进之处。

## 1．方法

用户体验设计师在工作过程中经常容易陷入一个窘境，即许多时候他们所设计的产品的功能在理论上是可行的，但用户在使用产品时却难以达到预期效果。此方法能帮助用户体验设计师避免设计出与用户体验格格不入的产品。用户在使用较复杂的产品时，往往需要在一定时间内分多个步骤或多个渠道对不同的接触点进行操作。用户旅程图可以辅助用户体验设计师思考这些复杂的用户体验，并开发出符合用户体验规律且对用户和开发商皆有价值的产品来。

用户旅程图，又名情境地图，有三大优势。

（1）美观

它以视觉化的方式，将用户与产品进行互动时的体验分阶段呈现出来，让用户旅程图中的每一个节点都能更直观地被识别、评估和改善。不论是电子版还是满墙的便利贴，它们在效果上已经充满了形式美。

（2）贴合时下流行的情感化设计

用户旅程图能协助团队精准锁定产品引发强烈情绪反应的时刻，同时找到最适合重新设计与改进的地图节点，这一切几乎可以满足用户在使用中的情感需求。

（3）多人参与，并且让所有人都横向梳理一遍产品流程

很夸张的是，在大多数团队中，往往只有用户体验设计师认真从头到尾思考过产品流程，而且大多数产品，直到完成后才被发现流程上的bug（漏洞），但此时用户体验设计师只能假装没看见。

用户旅程图并不是一个独立的设计方法，它是产品前期用户研究过程中重要的一部分。在以往做过的案例中，用户旅程图往往是最终收尾、拿结论的最关键节点——但是不能脱离了前期其他设计方法的材料准备。

在绘制用户旅程图前，我们需要准备好用户角色、观察记录，或者还可以再加上行为研究、调查问卷、竞品分析。

最有效的用户旅程图在被制作时通常会配合用户角色以及情境故事。每个用户旅程图都应该呈现某个特定产品目标使用者的真实特性，并且该使用者有明确的任务和目标。

观察记录、行为研究、调查问卷、竞品分析都是为了同一个目的，即获取大量真实、可靠的原材料。用户旅程图上的每个节点的对应内容并不是拍脑袋想出来的，而是经过长期的用户研究总结出来的。因此，我们可以说，用户旅程图是用户使用问题的有效梳理方式。

以线上产品为例，用户使用滴滴出行，“打开软件，浏览引导广告，领取优惠券，选定车辆类型，定位起点，输入目的地，确定叫车，支付车费，评价”是用户行为，对应的是“人—产品”接触点。而“查看司机定位，到指定地点等车，上车，下车”对应的是网络约车服务的“人—人”

接触点。因此，用户体验设计师在绘制用户旅程图时需要注意产品中存在的多个参与者，探究用户与各个角色的关系。

用户旅程图的绘制分为四个步骤，依次是归纳触点，画情感坐标，归纳用户体验意见，绘制情感曲线（如图4-13所示）。

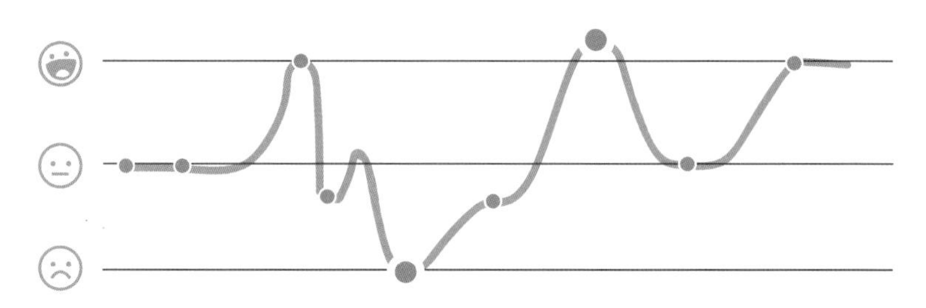

图4-13 用户旅程图的绘制

归纳触点是根据用户的任务流程节点得出的，是用户在整个流程中与不同角色发生互动的地方。画情感坐标是指将用户情感按照平静、满意和不满意（或其他划分方式）划分等级，并将任务中的触点放置在情感中性线上。归纳用户体验意见是指用户体验研究员根据观察并针对各环节的用户询问将满意度量化，并将收集到的问题点和满意点放置在对应的触点上。绘制情感曲线是指当问题点和满意点全部铺开时，用户体验研究员可结合自身的专业知识对每一个触点的情感高低进行判断，然后连线绘制以用户情感曲线为导向的用户旅程图。得到用户旅程图及用户情感曲线后，用户体验研究员需要关注情感曲线的低点，思考痛点背后的深层次原因，为后续的产品设计提供参考。而对于情感曲线的高点，用户体验研究员可以思考将该级体验推向极致的商业机会点。

用户旅程图的使用方法如下。

第一，选择目标用户的类型并说明选择的理由。尽可能详细并准确地描述该用户，并备注是如何得到这些信息的（如通过定性研究得出）。

第二，在横轴上标注用户使用产品的所有过程。切记要从用户的角度来标记，而不是从产品的功能或触点的角度。

第三，在纵轴上罗列出各种问题：用户的目标是什么？用户的工作背景是什么？从用户的角度来看，哪些功能不错，哪些功能不佳？在使用产品的整个过程中，用户的情绪是如何变化的？

第四，添加对该项目有用的任何问题。例如，用户会接触到哪些产品“接触点”？用户会和其他哪些人打交道？用户会用到哪些相关设备？

用户体验研究员最好运用跨界整合知识来回答每个阶段所面临的具体问题。

需要注意的是，用户体验研究员应该把产品的接触点留在最后标注，因为需要改进的是用户体验，所以不要过分专注于“用户需要用什么”，而应该多关注“用户想要用什么”，同时应该注意使用不同的视觉表达形式。用户旅程图可以是一个循环的过程，不同的旅程可以相互交叉。

## 2．案例

本案例通过前期对“90后”心智态度与行为模式的定性研究、在车联网情境下对交互需求与情境的定量研究以及对车载交互行为与方式的定性研究，得出车联网情境下“90后”驾驶员的五大交互需求。根据进一步推导出的交互需求，得出HOW-TO问题，利用HOW-TO问题指导设计，完善用户在车联网情境下的驾驶旅程，从而在用户旅程图中进一步明确“90后”驾驶员的车载交互行为与方式，突出交互需求。在此基础上，提炼出对应具体交互需求的车载交互准则，并通过用户旅程图的交互行为给予示例，辅助解释车载交互准则。

根据五大交互需求，我们共得出五条车联网情境下“90后”驾驶员车载交互准则，以“保持放松准则”为例。

“随缘”驾驶：通过一切随缘的生活态度不断地带来新惊喜，解决车联网情境下认知负荷高的问题，寻求身体上和精神上的愉悦感，提升驾驶体验。

用户转述：追求那种漫无目的、不断发现自我的感觉，遇到一些不经意间的小事情、小地方都很快乐，在工作学习繁忙之余这段难得的休闲时光里，在没有明确目的的空间里，追随车的指引，放松自己，到达从未到过的地方，寻求精神上的愉悦感。

用户需求：放松自己；找到生活中的美好；提升驾驶乐趣。

HOW-TO问题：如何找到城市中美好的地方？如何通过舒适的方式指引驾驶员前往？如何有效呈现该地的信息？

在满足放松自己、寻找生活中的美好的过程中，汽车是作为寻找路上不经意间的小美好的一种媒介而存在的。在整个行车过程中，汽车帮助驾驶员选择目的地，指引出发以及抵达目的地并呈现信息，故而用户旅程图分为选择、出发、抵达三个阶段。

如图4-14所示，在出发前，“90后”驾驶员向汽车发出指令——寻找

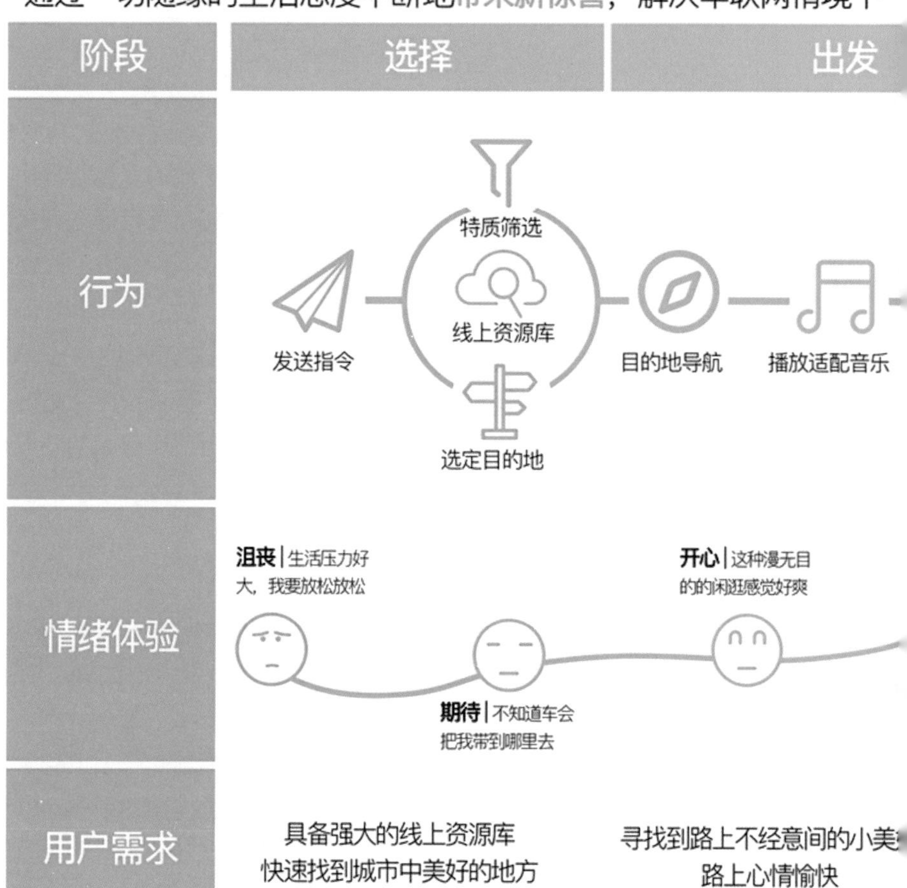


图4-14 “随缘”驾驶用户旅程图

人知负荷高的问题，寻求身体上和精神上的愉悦感。

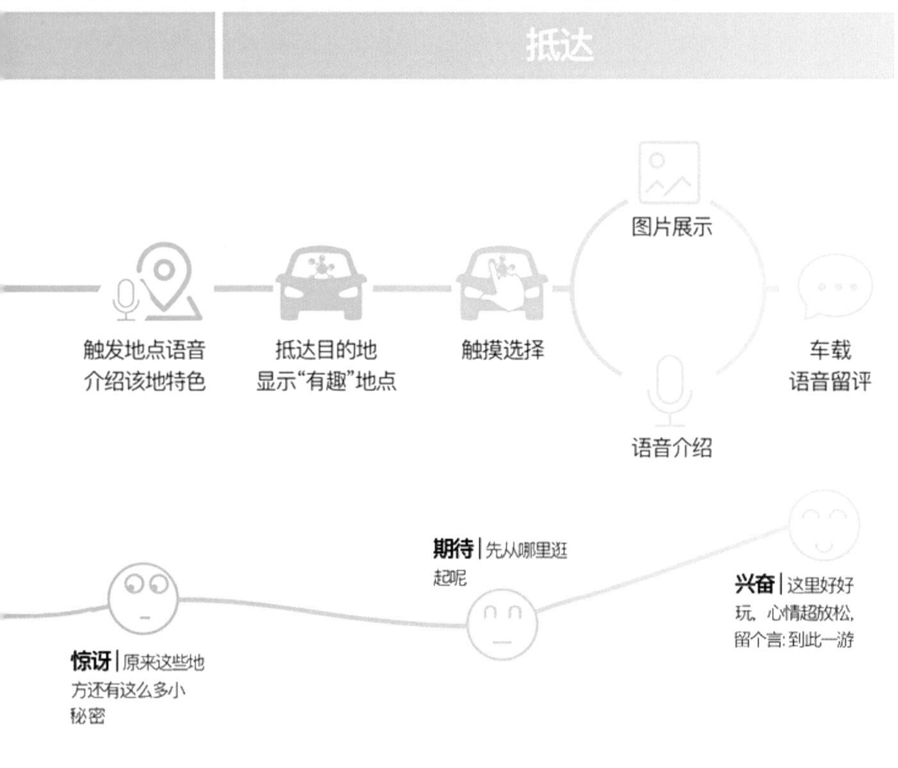


有效呈现当地信息
与他人交流当时的心情和感想

具备惊喜与美好的目的地。汽车通过筛选庞大的线上资源库选定目的地，并将该目的地投放到导航上，开始通过语音导航，并播放适配目的地的音乐。在行车过程中，路过有特色的地点时，汽车也会语音介绍该地特色之处，让驾驶员了解生活中的美好。抵达目的地后，汽车挡风玻璃上会呈现“有趣地点”分布图，驾驶员可通过触摸选择地点，汽车会展开该地图片并进行语音介绍，在驾驶前往并游玩以后，驾驶员可通过语音给该地留评，以供后续想要放松的驾驶员参考。

# 第七节　总结

表4-4从观测对象、进行方式、数据类型、进行场景、样本量、分析方式六个角度对用户研究方法进行了比较。在实际应用中，用户体验研究员可以根据以上属性结合研究目标进行选择。

表4-4　用户研究方法对比

| 方法 | 观测对象 | 进行方式 | 数据类型 | 进行场景 | 样本量 | 分析方式 |
|---|---|---|---|---|---|---|
| 问卷调查 | 行为与态度 | 自我报告 | 定量 | 实验室、真实情境 | 大 | 统计分析 |
| 用户访谈 | 态度 | 观察、自我报告 | 定性 | 实验室、真实情境 | 小 | 亲和图、聚类 |
| 焦点小组 | 态度 | 观察、自我报告 | 定性 | 实验室 | 中 | 亲和图、聚类 |
| 用户画像 | 行为与态度 | 观察、桌面调研 | 定量、定性 | 真实情境 | 中 | 行为分析 |
| 用户旅程图 | 行为与态度 | 观察、访谈 | 定量、定性 | 真实情境 | 大 | 情绪曲线、痛点标注 |

从社会心理学的角度出发，ABC态度模型认为，态度由感情（Affect）、行为反应倾向（Behaviour tendency）和认知（Cognition）三种成分组成，并且三者之间相互影响。态度在一定程度上可以预测行为，态度与行为的对应性越高，态度预测行为的效果也就越好。合理行动理论认为，行为是理性思考的结果，而态度是情绪情感的积累。因此，用户体验研究员研究用户时需要从感性和理性的角度理解用户，洞察用户态度和行为反应下的真实需求。

行为与态度的表达也与用户研究的进行方式有关。如果研究者过多地选择自我报告的方式，那社会赞许效应对研究结果的影响不容小觑，因为在自我报告时，用户的潜意识里希望自己是优秀的，是被他人赞许的，所以研究者在选择方法时需要将主观报告的方法与客观报告的方法相结合，以平衡自陈式可能造成的误差。

定量研究通过获取量化的指标对用户进行分析，而定性研究则通过文字、表情等表达用户的态度倾向或行为。定量研究和定性研究的关系可以被比作坐标上的点，定性研究是正负数，定量研究是绝对值，二者相互支撑，才能构成完整的用户洞察。

实验室环境便于用户体验研究员控制变量，排除干扰因素，但是不能同时进行多组研究，而且用户的交通费等也会导致资金成本较高。在真实情景中进行研究则可以很好地捕捉用户的真实反应，得到的数据会更加有效。

决定一份研究需要多少名用户参与是一项非常艰巨的任务，需要考虑很多因素，如时间限制、预算、被试用户群体的大小，等等，并不是一味追求更多的样本才能探求到用户群的真实想法。依据统计检验力分析和可行性分析，用户体验研究员可以简单直接地衡量需要招募多少个测试用户。

资料的分析比收集更加重要。对于定量研究的结果，用户体验研究员可以遵循统计学的方法进行描述性统计、相关分析、非参数统计，等等，而对于定性研究的结果，用户体验研究员可以通过聚类或者亲和图的方式找到指导设计的元素。

## 1. 用户研究案例——探究数字原住民的生活方式

（1）数字原住民的定义

通过对文献报告的分析，我们把数字原住民定义为：数字原住民至少是“80后”，在数字环境中长大。在他们的生活中，几乎所有的东西都与互联网有关。他们可以自主且快速地使用数字技术，习惯于依赖数字技术来解决大部分问题，有能力同时处理各种任务。

（2）数字原住民研究方法介绍

数字原住民研究方法如表4-5所示。

表4-5　数字原住民研究方法

| 方法名称 | 方法介绍 | 本研究使用目的 |
| --- | --- | --- |
| 拼贴画 | 拼贴画是指通过视觉的表现形式展现出产品的使用情境、目标用户群、产品品类等。可以帮助我们快速理解项目，定位目标群体，完善视觉化的设计标准，从情境中发现痛点。 | 在研究初期把桌面调研中了解到的目标用户的特征用图像的形式整理出来。 |
| 思维导图 | 思维导图是指通过视觉表达形式，展现与主题相关的其他主题的内容以及主题间的关系。 | 对拼贴画中整理出的特征以文字的形式进行再整理，可以明确各项特征之间的关系。 |
| 日记研究 | 日记研究是一种让用户在一定时间段内定期进行纵向自我报告的方法。日记研究可以帮助我们收集大量的、详细的、实时的、有前后联系的定性数据，如有关日常行为、活动、体验等的数据，以便更好地定义用户体验设计的功能要求。 | 深入了解用户的日常行为、活动以及一定的思想活动。 |

续表

| 方法名称 | 方法介绍 | 本研究使用目的 |
| --- | --- | --- |
| 焦点小组 | 焦点小组是一种集体访谈的形式，可以快速获取多个被试在同一方面的信息，并且可以通过被试间的讨论获取更多的信息。 | 了解被试对人工智能的态度及对数字应用的使用情况，发现未来可能发生在车内的生活情境。 |

（3）数字原住民主题拼贴画

数字原住民是这样的一群人：他们的生活被互联网和高科技包围，如日常支付或随时随地可以来上一局的手游。他们还喜欢通过网络认识各种各样志同道合的朋友。他们的身边不是手机就是电脑等智能设备。他们能很快接受社会的新产物，如共享经济，他们最先接受并且享受于此。

他们个性张扬，会及时关注自己喜爱的新闻动态，有的关于时尚，有的关于明星八卦，有的关于体育。他们会追求一定的品牌，更多的是追求品牌彰显的文化价值。他们喜欢运动，追求健康，会买很多与此相关的设备，但是一般都很难坚持，所以更多的是希望营造出追求健康、喜欢运动的个人形象（如图4-15所示）。

图4-15 数字原住民主题拼贴画

（4）数字原住民思维导图

我们通过思维导图对数字原住民的日常生活进行了梳理，包括社交、健康、娱乐、家居、观念、电子设备、消费七个维度（如图4-16所示）。

①社交

数字原住民的社交方式基本上是线上，他们喜欢线上聊天，喜欢通过朋友圈互相了解。

②健康

数字原住民追求健康生活，表现在会购买与运动有关的可穿戴设备，会吃健康餐，会在网上选择适合自己的个性化定制运动内容。

③娱乐

数字原住民喜欢可以随时随地来一局的手机游戏，喜欢团体类游戏，如桌游等，喜欢有新鲜体验的游戏。

④家居

数字原住民逐渐将生活全部物联网化，关注智能家居。

⑤观念

数字原住民对各类社会话题持有开放、包容的态度，会积极参与话题的评论与转发，对新的概念更容易接受。

⑥电子设备

数字原住民不能离开手机太长时间，出门拿着手机基本上可以满足各种需求，日常拥有包括手机、电脑在内的至少三种以上电子设备。

⑦消费

数字原住民的购买行为基本上都可以发生在线上，支付时会优先使用电子支付方式，有一些喜爱的品牌文化。

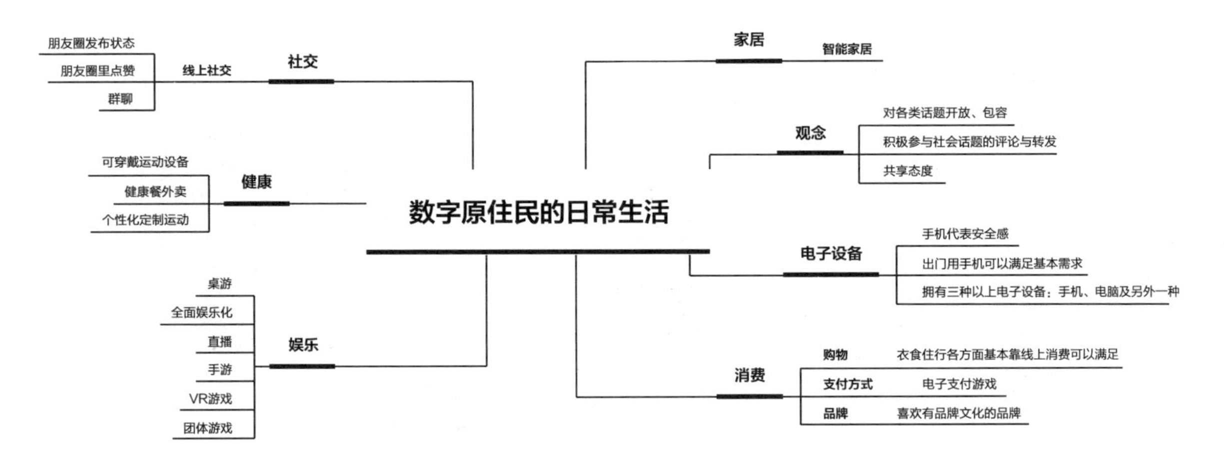


图4-16 数字原住民的日常生活

（5）数字原住民日记研究

为了更深入地了解数字原住民的生活方式，并进一步验证数字原住民的定义，我们随机挑选了符合文献报告中对数字原住民身份定义条件的5名被试，并进行了为期一天的日记研究。

在日记记录当天，为了防止被试遗忘，每隔一小时我们会提醒被试进行记录。记录内容包括做的事情、使用的工具、发生的行为、目的、感受等。记录的形式为文字记录。

如图4-17所示，从5名被试的日记记录中我们可以对被试的生活提取出一系列关键词，如手机消息、购物软件、共享单车、电脑游戏、外卖、大众点评、高德地图、支付宝、滴滴出行、上网找资料、手机游戏、网络课程……

日记研究的结果显示，相对于其他人群来说，数字原住民的生活方式最大的特点就是“数字化”，表现为数字网络平台在数字原住民生活中占有极大的分量。

图4-17 词云图——日记研究

（6）焦点小组

由于本研究的目的是应用人工智能为数字原住民设计出良好的车载交互体验，因此在对数字原住民的生活方式有了一定的了解后，我们希望更深入地了解数字原住民与人工智能之间的关系，所以在焦点小组一中我们将重点关注数字原住民对现有人工智能技术应用的使用情况及态度。

焦点小组一包括两组，共12个被试，男女平均分布。我们在焦点小组一中列出了有关音乐推荐、语音输入、人脸识别、VR、AR、机器人等一系列在日常生活中较为常见的人工智能应用，让被试对其进行喜欢程度和使用频率两个维度上的评判（如图4-18所示）。

图4-18 焦点小组一——象限图结果

图4-19是对焦点小组一中12个被试对每种技术的评价的统计结果。每个被试可以在8种人工智能技术中任意选择自己有所了解的技术。每个象限中的点代表不同的被试所做出的选择。从结果中我们可以发现，多数的被试对人工智能技术应用有浓厚的兴趣，愿意主动去了解相关信息，同时认为人工智能技术对自己的日常生活有所帮助。

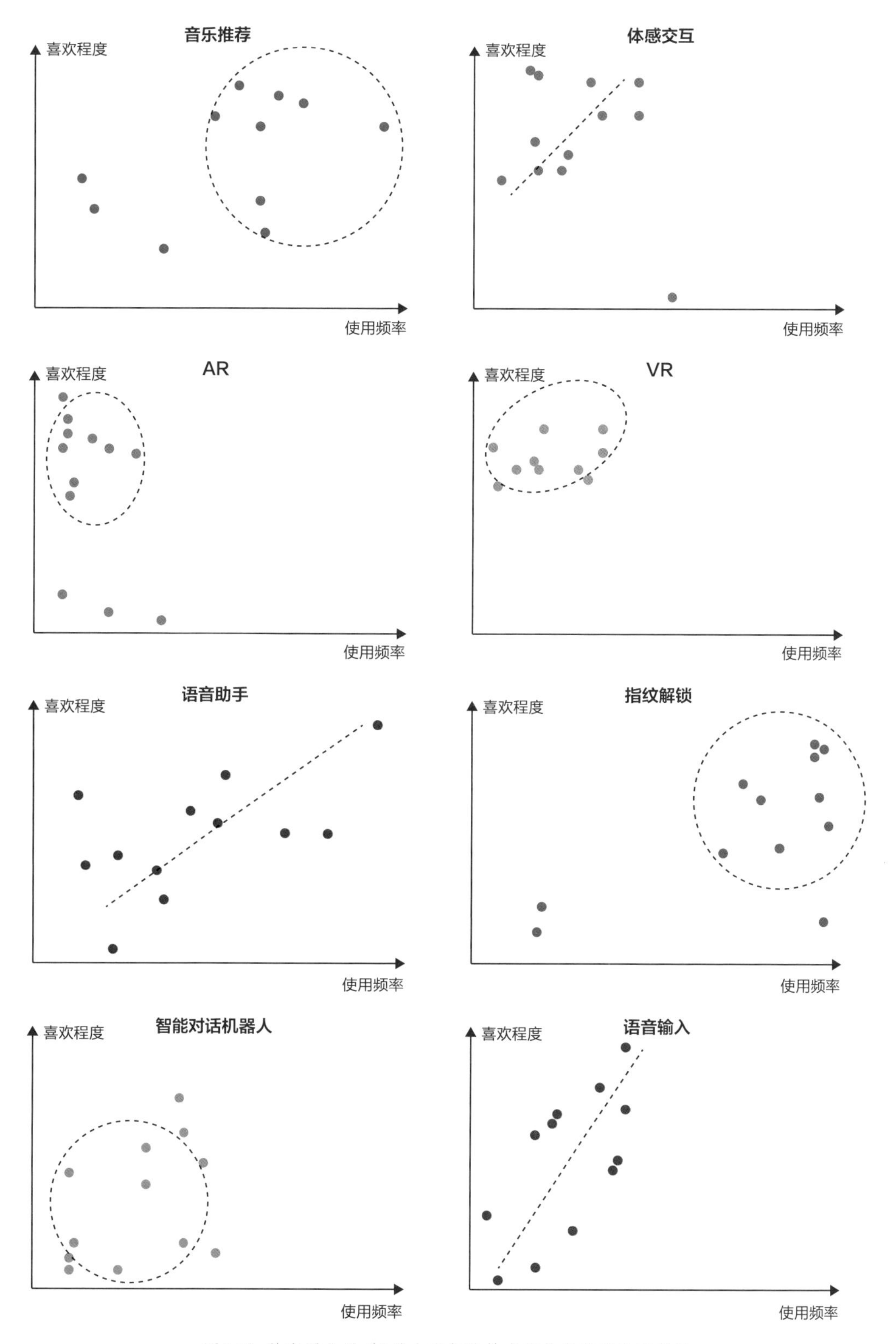


图4-19 数字原住民对8种人工智能技术评价象限图整理结果

（7）数字原住民的特征

为了后续对数字原住民的交互偏好及动机有更准确的了解，我们将数字原住民的显著特征总结为以下六点。

第一，至少为1980年后出生。

第二，接触互联网时间在高中之前。

第三，受教育程度为本科及以上。

第四，至少拥有三种电子设备（手机、电脑、平板电脑、kindle等）。

第五，日常生活十分依赖电子设备（手机、电脑、平板电脑等）和互联网。

第六，对人工智能技术有兴趣，且认为它们可以经常帮助自己。

## 2. 用户研究案例——数字原住民行为特点及动机分析

（1）焦点小组二

焦点小组二包括两组，共12个被试，男女平均分布。在焦点小组二中，主试首先让被试从80种应用中选择20种左右生活中常用的以及有一定情感色彩的应用，并把他们的选择按照使用频率和喜欢程度两个维度放在象限图的对应位置上。待全部被试完成后，主试从一个基本都有的应用入手，组织大家开始讨论各自的使用情况。每个人都要对自己的选择有一个大致的讲解（如图4-20所示）。我们对焦点小组二的两组记录进行了如图4-21所示的处理过程。焦点小组二的行为被亲和为四个维度，分别是“沟通”（如图4-22所示）、“获取信息”（如图4-23所示）、“发布信息”（如图4-24所示）、“记录信息”（如图4-25所示）。

从图4-22中我们可以发现，无论是方式之间还是目的之间都存在着一些共性，即人们为了达到某种目的或者满足某种动机，可以通过各种方式实现。比较了这些方式之间的异同后，我们可以将数字原住民在“沟通”维度的行为特点归结为如下五点。

第一，数字原住民喜欢通过低成本的方式维护或者建立日常社交关系。低成本的意思是说操作简单，不需要投入太多认知资源及时间，如在朋友圈通过点赞、留言的方式与不经常联系的朋友互动。

第二，数字原住民在线上沟通时需要通过其他维度的信息帮助更加准确地传达信息，如通过发送表情包表达出内心活动，通过与好朋友视频聊天更加直观地了解对方的情绪反应。

第三，数字原住民对身份验证的方式要求是安全的、自然的。自然的是指验证方式与前后操作的无缝连接。例如，有些手机把指纹识别放在

图4-20 焦点小组二被试在制作

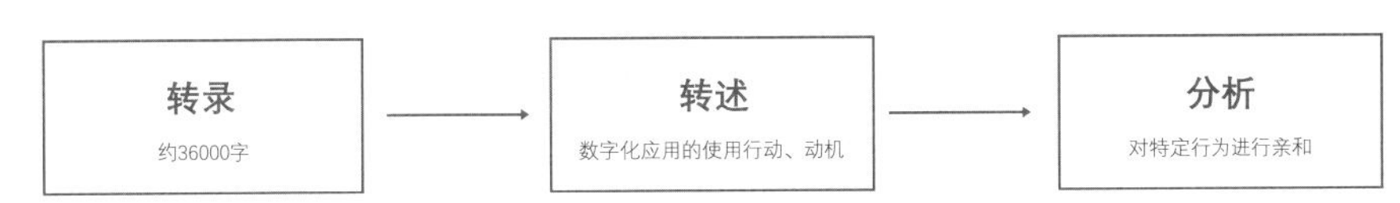


图4-21 焦点小组结果整理过程

沟通

与人沟通

- 通过游戏与他人沟通
- 与他人聊天
- 与陌生人沟通
- 与他人进行图片沟通
- 与他人沟通位置信息
- 更情感化地与他人聊天
- 与多人沟通

与物品沟通

- 与物品通过实体媒介交互
- 与物品进行语音沟通
- 与物品进行情感沟通
- 与物品进行手势沟通

与环境沟通

- 通过地图信息与环境沟通

图4-22 焦点小组二亲和结果图（一）

发布信息

- 发布自己的信息在圈子内
- 发布自己的信息到圈子内或他人
- 发布自己的观感信息在公共平台
- 发布自己的信息在公共平台
- 发布自己的信息在圈子内

图4-24 焦点小组二亲和结果图（三）

记录信息

- 记录自己的日常生活信息
- 记录自己的运动信息
- 记录自己的位置信息
- 记录自己生活中的特殊时刻
- 记录自己的消费信息
- 记录自己的学习内容
- 记录未来自己要做的事情
- 记录自己的体验信息
- 记录自己的情感信息
- 记录自己所处的环境信息
- 记录多个维度的环境信息

图4-25 焦点小组二亲和结果图（四）

# 获取信息

## 获取他人的信息

- 看他人共享的位置信息
- 看他人发布在公共平台的教学信息
- 看或听他人发布的课程或分享的信息
- 看他人发布在公共平台的评论信息
- 看他人发布的商品评价信息
- 看他人发布在公共平台的信息
- 看他人发布在圈子内的信息
- 看他人在统一视频内容中发布的观点信息

## 获取环境的信息

- 查看环境信息（温度）
- 查看环境信息（天气）
- 查看环境信息（空气质量）
- 查看环境信息（建筑）
- 查看环境信息（地理位置）
- 查看环境信息（交通）

## 获取系统收集自己的信息

- 查看系统收集的位置信息
- 查看自我与环境的关系信息（位置）
- 查看系统根据自己的喜好推荐的商品信息
- 查看系统根据自己的喜好推荐的音乐信息
- 查看系统根据路线规划的位置信息

## 获取物品的信息

- 查看物品的属性信息

图4-23 焦点小组二亲和结果图（二）

home键（具有返回功能的键）上是因为用户可以前后操作解锁、退回、支付等功能。又如，一些公司打卡时使用面部识别作为身份验证方式，那是因为用户在身份验证前后都处于直立行走或目视前方的状态。

第四，数字原住民在视觉被占用时会选择语音操作，不过需要保证空间的私密性，条件不允许时会选择手部操作，但需要提供必要的触觉反馈。比如，在打游戏时，由于双眼需要注意画面，所以多选择通过语音与队友配合，同时会使用机械键盘，因为它会给予触觉上的反馈。

第五，数字原住民更容易被模拟线下形式的线上交互内容所吸引，因为它们可以表现与线下形式相同或者更丰富的内容，如发红包，支付宝种树、养鸡、养蛙等。

（2）问卷调查

在给朋友圈的好友动态点赞时，77.1%的人选择了“表示认同”，61.7%的人选择了“表示关注”，56.9%的人选择了表达祝福，他们都是为了传递积极、示好的信息，从而维持朋友圈内的社交，这验证了第一条行为特点。

73.5%的人使用表情包辅助自己的线上表达，10.8%的人使用表情包代替文字表达，超过半数以上的人认为面部表情和语音更能帮助自己表达情绪，这验证了第二条行为特点。

在解锁手机时，33.2%的人偏好使用手机指纹解锁，28.3%的人偏好使用面部识别解锁，这两种方式都是比较快捷且自然的方式，这验证了第三条行为特点。

当视觉信息被占用且语音识别度较高时，59.9%的人会优先选择使用语音操作，这验证了第四条行为特点。

在没有限额的条件下，60.9%的人喜欢通过红包的形式线上给别人转账，这表明多数人更偏爱带有一定情感色彩的方式，这验证了第五条行为特点。

（3）行为原则

我们从数字原住民在日常生活中对数字化应用的行为中概括总结出了他们在“沟通”维度上的五点行为特点，并且通过定量研究线上问卷的形式对数字原住民的行为特点进行了验证。本研究的目的是通过研究数字原住民在日常生活中的行为交互，发现未来可以应用在车载交互设计中的指导准则，从而提升数字原住民的车载交互体验。因此，我们对数字原住民的行为特点进行了进一步的提炼，作为在一定情境下的设计应该遵循的原则。

第一，帮助维持日常社交关系的交互应该是低成本的（占有认知资源少，操作极简化）。

第二，表情、形体、语气等可以辅助文字信息的传达与接收。

第三，身份验证的交互行为应该与前后的操作保持一致。

第四，视觉对信息的感知程度大于听觉和触觉，语音输入信息的复杂程度大于手部操作。

第五，线上的交互方式通过模仿线下模式可以代表相同的内涵。

# 扩展阅读——与大咖面对面

微软首席用户体验研究员根据从业经验分享了她对用户体验核心思想的观点。

用户体验是一个非常广的概念，与心理学紧密相连。从ISO定义中我们发现，用户体验的概念包含几乎所有的领域与内容，这里面有几点需要注意。首先，这个概念中提到了人，后面又提到了用户，人在使用产品、系统或者接受服务的过程中就变成了用户。最根本的用户体验是用户在使用产品、系统或者接受服务时的感受。从这个角度来讲，用户体验离不开心理学，因为心理学是研究知、情、意的学科。知是知识，情是情绪情感，意是意志。

那么人在什么情况下会变成用户呢？其实在使用过程中人就会变成用户。最后不管是人的研究报告，还是用户研究报告，通常都有一个指向性。一般情况下，在企业内部这个指向性就是指向产品、系统或者服务。其中包括它的设计、产品定义等各个方面。在理解用户时一定离不开产品，离不开对技术和对服务的一些综合性理解。用户体验这个行业，不能脱离人而单独存在，同样也不能脱离产品、系统或服务而存在，所以最终一定有一个依附的行业或者依附的产品或者依附的解决方案。

人实际上非常复杂，但是有哪些心理学科的内容与人相关呢？我们可以从不同层面去分析。心理学可能仅仅是一个起点，后面还有很多研究人的学科。认知心理学研究人的认知过程。发展心理学研究人类个体从出生到衰亡的整个过程中的心理发展。社会心理学研究人的社会心理现象。除心理学科外，社会层面上其实也有非常多的学科，如社会学、组织行为学等。

对人的分析可以再上升到文化层面，这个层面看似比较遥远，但实际上就在我们身边。文化对人的影响非常大，在设计产品或服务的过程中，用户体验设计师必须考虑文化会带来什么样的影响，这个学科一直是人类学研究的重点。或者说再上升到人类历史层面上看，设计所带给人的影响到底有哪些方面？心理学会教给用户体验设计师非常好的思维方式和非常好的方法，但实际上我们可能只能把它当作一个起点，后面还有非常多的知识层面上的内容需要去考虑。

另外，用户体验还具有流动性。刚才讲到了人和机器或者系统交流的过程，它并不是稳定的过程，而是不断变化的过程，有可能是突变，所以如何把用户体验贯穿在设计的整个流程中，以及如何把用户体验元素都包含在人机交互中，也是用户体验设计师需要重点考虑的一个方面。目前最核心的思想就是以人为中心的设计或者以用户为中心的设计。第一步是理解用户、任务和情境，第二步是定义用户需求。这两步为什么要分开来列呢？因为用户体验研究员理解了用户、任务和情境之后，后面的研究就会变得顺其自然。其实在定义用户需求的过程中，最关键的是把人和产品关联在一起。我们不能漫无目的地去定义用户需求，而是要以未来的产品或者解决方案为目的。基于此，信息过滤就变得非常关键，一定要将一些不相关的信息从你的研究过程里面慢慢剔除，把最核心、最关键的研究结论应用在产品设计中和产品定义上。

# 设计、评估和迭代 05

每一个优秀的产品都会经历设计、评估和迭代的过程。本章讲述了产品开发的设计呈现和产品评估的种类及其过程，以及产品迭代的思想和步骤，并附上相应的案例帮助读者理解。

# 第一节　设计呈现

## 1. 设计准则

设计准测又被称作设计方针、设计指导等，是经过分析数据后推导出来的一系列的设计方向和定位。不同的项目、需求、使用情境、用户等关注点和不同的数据分析方法会产出不同的设计准则。在（概念）设计阶段，设计师需要遵从这些设计准则，以保证达到预期的设计目标。设计准则可以是抽象的、概括的，用户体验设计师需要发挥聪明才智，将这些方向和定位落到实处，提出具体的、细节的解决方案。

产品规划与设计需要设立基本的原则，这个原则就是产品的底线，任何触碰到底线的需求都应该被拒绝。产品原则体现了产品团队的价值观，产品团队以此进行决策和取舍。任何成功的产品都有非常清晰的产品原则和价值观。爱彼迎就是一款不错的产品，因为它始终保持简洁的设计，且以用户体验为导向。问答社区知乎也不错，因为它聚集了一大批优秀的人群分享知识、经验和见解。它们的成功与简单、高效、严肃的价值观是分不开的。那么，用户体验团队在打造产品时应该如何确立自己的设计原则呢？

在确立设计原则之前，用户体验团队要先确定以下几个问题：

第一，产品要解决什么问题（明确产品方向）？

第二，产品的目标用户是谁（确定为谁服务，把谁视作上帝）？

第三，是否对用户群体的心理与情感进行了分析（通达人性）？

设计原则不是功能，不是内容，而是产品的理念与价值观的体现。例如，提供“搜索功能”和“扁平化的设计风格”都不是设计原则，而在设计步进控件时，“有常用清晰的数值字段”和“避免连续值的选择”则是设计原则。设计原则一旦确立，设计中都需要满足它。

设计原则是产品的“宪法”，指明了产品追求的方向与价值。只要不触碰“宪法”，产品在具体实施的细节中还可以有很多小的原则，如交互原则、开发原则等。这些原则在不违背产品基本原则的情况下，都可以并存。

产品经理在草拟好产品原则清单后，需要邀请各个产品利益相关者参加会议评审，以争得大家的同意。要让大家知道，设计原则一旦确立便不能更改，需要大家共同遵守和维护。

设计原则的意义在于指导产品的方向与价值观，所以不能过于空泛。当然，设计原则也不能避免产生分歧，只要在原则之下，团队分歧并不是坏事，论辩是有利于产品进化的。团队成员可以根据设计原则的指导作用来解决分歧，这样整个团队上下就能很快达成一致，有效避免了无休止的、毫无结论的会议。

以下列举了用户体验设计师通常所需要遵从的九个设计准则。

（1）易用性

用户需要易用且功能强大的产品。操作界面要便于用户开展工作，并且能够提高用户的工作效率。用户界面对产品的功能和使用方式要表述清晰，以易于新用户理解，同时还要满足更高级用户的需求。

（2）支持性

对个体用户的支持是通过技术来实现的。用户体验设计师需要适当并及时地提供产品支持。产品支持的作用在于帮助用户正常运行产品，而不是让用户受制于产品。系统需要让用户了解任意执行动作所处的工作环境，以及可用的操作选项。换句话说就是，用户的工作初始背景以及他下一步能够做什么。用户需要记住系统状态或指令。系统状态及可执行的指令需要被清晰地传达给用户。给用户的全部信息需要通过语言表达出来，这些信息是建设性的，并且使用的词汇必须为用户所熟悉。

（3）熟悉度

以用户熟悉的说明方式让用户快速了解系统，这一点是相当重要的。系统说明应保持惯用的方式，这样用户可以通过过往的经验来理解。这样学习起来就更容易、更有效，甚至更有乐趣。

（4）响应度

系统需要对每个执行动作加以确认，并以视觉上或听觉上的方式告知用户，这种告知方式是用户所期望的。每个动作的操作应该是可逆的，这样用户就不会因为意外操作而遭受损失，从而更愿意去探索产品的功能。反馈也是用户鼓励的一个重要方面，收到反馈，用户会体验到一种成就感。即时的反馈信息使得用户能够判断操作的结果是否符合他们的预期，并且能够立即对执行动作加以调整。

（5）及时且适当的干预机制

尽力消除对用户的束缚，让他们可以通过自己的能力与产品进行交互，从而执行工作。对于用户来说，让系统去适应他们的行为是至关重要的。干预应该在用户当前的工作环境下及时出现。

（6）安全性

通过建设性的错误处理机制让用户远离故障。所有界面应该对用户备有视觉提示及警告功能。

（7）功能多样性

允许用户根据个人情况或者能力选择最适合的交互方式。需要针对用户对每个交互设备加以优化，从而显现出不同设备之间的差异性。理想情况下，用户可以在不同的交互方式之间进行切换。提供广泛的交互技术意味着用户在能力和实际情况方面存在着个体差异，这些差异可能包括技能障碍、个人取向以及工作环境等方面的不同。

（8）个性化

不同用户有着不同的需求。系统需要适应新手用户和老手用户的需求。用户通过自定义设置也能让界面变得更舒服、更熟悉。

（9）美感

产品设计能够从美学角度或者感官方面对用户的产品接受度产生影响，因此应提升界面的清晰度和视觉简洁度。

## 2. 交互原型

制作产品原型意味着制作物理界面（Physical Interface）。也就是说，该原型是看得见、摸得着的，用户需要通过肢体行为与之交互，如握、拉、捏、按、踩等形式。对于界面设计、信息设计等专业的学生和设计师来讲，制作产品原型意味着制作数字界面（Screen-Based Digital Interface）。也就是说，该原型是通过计算机屏幕展示出来的，用户需要通过某种媒介与之交互，如点击鼠标、手指滑动手机屏幕等形式。如何制作数字界面原型在当下的设计类图书里多有介绍，在这里不做赘述。我们只着重介绍如何制作融入科技含量的物理界面，让传统的、仅关注造型的产品原型变得生动起来。

对于设计师来说，设计领域中的新兴技术引发了一系列难题，因为设计师的积极性在本质上并不受技术的影响，这种影响只会作用于工程师而不是设计师。换句话说，一个计算机工程师对C语言感兴趣，这个感兴趣可能是相对于LISP或者Python等其他编程语言而言的，而如果一个交互设计师也对C语言感兴趣，那么这个感兴趣可能只局限在编程工具的层面，如可以用C语言操控Arduino样机设计平台，并以此开发交互对象。

对于技术样机原型设计来说，设计师可以从现有的物品中整理出大量的构架素材，如旧的电子设备、过去几年中遗留下来的故障样机、从废品交易所或二手市场中淘来的稀罕玩意，然后用这些物品着手设计，并按照给定的设计纲要，以现有的技术将零零碎碎组装起来，做出一些东西。这些东西可能是一个游戏、玩具或者只是一个有用的物件。以下介绍在交互设计教学领域中流行的两个技术平台。

第一，Phidgets（https://www.phidgets.com/）与Max（https://cycling74.com/）。Max是一个多功能的可视编程开发环境。它既具有传感器和传动装置功能，还具备视频、音频处理及3D功能。它的可视编程特性使得非程序员也可以相对轻松地上手操作，而为用户提供的强大工具组件可以让他们为研发植入更多的先进技术。同时，Max可与Phidgets传感器和传动装置系列组件兼容。这些组件采用非对称式的锁定插头，这种插头结构避免了电线误接情况的发生。Max和Phidgets的结合有效降低了交互产品样机设计领域的入行门槛。设计师可以用几小时先了解一下这种开发环境，之后就能着手设计一些简单的交互内容。

第二，Arduino（https: //www.arduino.cc）。Arduino是一种开源硬件微控制器平台（如图5-1所示）。它源于一个开源开发环境，该开发环境为一套相对复杂且不人性化的工具组加上了一个简易的外观。这种平台在近几年中广泛流行。网上有一个大型的Arduino主题社区，为初出茅庐

图5-1 Arduino平台

的Arduino设计师提供了项目实例。用户还能通过网站购买定做硬件扩展组件的套装或预装配散件。Arduino是基于C语言开发的。Arduino平台被使用的主要原因之一在于其硬件组件Arduino电路母版价格低廉，而且凡是用于连接Phidgets传感器和更大负载设备的同类硬件都能兼容于Arduino平台。

我们根据概念设计的方向决定选用Arduino还是Max平台。如果设计方向强调了便携性，那么我们推荐Arduino平台。如果概念设计包含了分布式系统或综合功能开发，那么根据经验判断我们推荐选择Max平台。同时，对于有技术和能力开发其他平台（如Python或Open Frameworks）的设计师来说，Max也是合适的选择。

## 3．原型设计

产品原型概括地说是整个产品面市之前的一个框架设计，是设计师与项目经理、开发工程师沟通的工具，同时也是测试阶段的主要载体和最终设计方案的展示途径。

一般来说，原型设计可以分成三个阶段：图纸、低保真模型、高保真模型。图纸是存在于纸上的一种设计思路的蓝本，低保真模型是能够传达设计意图但是较为粗糙的产品模型，高保真模型则是产品投入生产前的终极形态。在很多项目中这三个阶段都会被用到，并且会不断得到修改，不断迭代。图5-2是一款考勤App的手机端页面的低保真模型设计。

在原型设计中，设计师需要考虑以下几个方面的问题。

（1）时间与成本

设计是一个反复迭代的过程，所以原型作为设计师概念的实体化，一般会经历多次修改，因此设计师一定要考虑时间和成本，在能表达出主观想法并让其他人感受到设计意图的前提下，要加快制作速度。

（2）传达内涵

原型是团队沟通想法、进行测试的重要部分，所以要能够清晰地传达设计师的想法。不同的产品原型所要凸显的部分可能略有不同，但一定要清晰地传达产品的架构和任务操作的流程。如果是视觉设计的原型，一定要能够表达视觉风格。通常意义上来说，低保真原型会被当作产品测试的对象，设计师需要针对测试结果反复修改设计方案，制作新的低保真原型，并进行新的测试。在这个过程中，低保真原型的细节不断被完善，并逐渐向高保真原型过渡。当测试结果满足设计目标时，设计师把所有被细化的部分整合起来，就形成了高保真原型。

图5-2 原型设计

原型验证的思想应贯穿整个用户体验流程，尤其是低保真原型，它能屏蔽视觉呈现对功能与框架的干扰，让参与者更好地评估产品的本源。产品演示是通过场景化描述传达设计意图的活动，通常围绕能模拟产品功能的样机或高保真原型来实现传达。样机与高保真原型不同，后者一般不与功能发生关联。在硬件设计中高保真原型被称为手板，在软件设计中被称为效果图，而样机可以模拟真实产品使用情况，包含硬件的开闭和运行、软件的浏览操作等。

通常情况下，产品样机（或高保真原型）加上情境化的视频（或故事板）成为常用的演示组合。视频（或故事板）能让参与者产生代入感，帮助用户体验设计师及时发现场景中的问题。需要注意的是，故事板是展示产品的一种工具，它与电影或者广告宣传片截然不同。设计师一定要明确演示的目的，即向用户呈现产品的功能和情境，所以应该减少在视觉呈现上的投入，而将重心放在展示产品本身上来。

原型设计案例：

（1）快速原型制作

为了检测我们的设计是否符合我们想给用户带来的交互体验，我们先通过简易原型的方法，来模拟测试在真实操作情境下用户对我们所设计的交互过程会产生怎样的反应。

在本研究中，我们根据情境制作了一系列的PPT（演示文稿），之后在电脑屏幕上放映，以电脑屏幕播放的PPT界面来模拟真实的投影屏幕界面。PPT的页面可以快速地进行切换，操作比较快捷，适合用来模拟真实摄像设备的投影功能的交互。在这里，PPT界面和摄像设备内的界面相比可能会比较简单，但是我们的着眼点在于测试我们所设计的交互过程是否合理且能令用户满意，以及整个使用流程是否有错误出现，所以在界面方面我们的制作会略显粗糙。

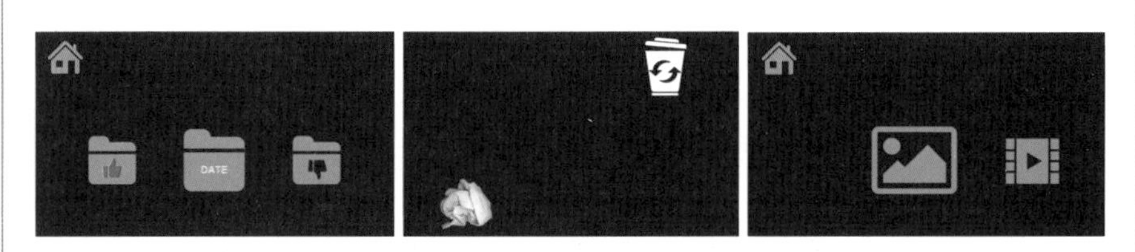


图1 快速原型界面

（2）角色扮演体验

在快速制作完原型后，我们进行了角色扮演体验。我们邀请参与者根据我们对情境以及在情境中出现的交互行为的叙述，进行角色扮演体验。这样可以让我们能再次对我们的概念设计、交互行为和情境进行探索，也让我们对自己的设计做出进一步的反思，并对我们的设计进行完善。

在参与者体验之前，我们会要求参与者尽量将自己融入我们所描述的情境中，然后再进行角色扮演体验。在参与者体验完每一种交互操作后，我们会让参与者分享一些在体验过程中的感想，并发表一些意见。

我们会根据在角色扮演过程中对参与者的观察以及参与者提出的想法，对我们的设计进行反思，从而得到一些新的想法。例如，在不使用音量调节功能的时候，音量控制按钮会隐藏起来。我们通过盖住手势遥控器的右端，才能将音量控制唤醒。

最后，我们会根据参与者提出的想法以及我们自己的反思，对之前的概念设计做出保留和修改。其中，我们保留了用滑扫的手势来进行图片翻页的功能，因为这一功能对于用户来说是易懂的。相同的还有图片的删除操作，这一交互过程让用户十分满意。用户表示抓取和投掷这一过程把原本令其心情低落的删除过程变得有趣多了。点击播放功能也让用户感到满意，这让用户体验到了准确快捷的交互。此外，还有一些是我们认为值得改进的。调节音量与亮度的图标如果一直出现在屏幕中，会遮挡屏幕中的部分内容，因此我们希望这两个图标只有在被唤醒的时候才会出现，而平时都会处于隐藏的状态。

（3）高保真原型制作

在原型设计的技术方面我们还存在很大的局限性。由于手势交互以及摄像设备程序编写和硬件要求都比较高，因此我们很难制作出能完美实现我们设计中交互功能的原型。但是，为了让原型能更加接近实际使用效果，我们把Arduino智能硬件作为我们的主要科技组件。

图2 科技组件

我们把一台电脑与Arduino的智能开发板进行连接，使用电脑对这块开发板进行程序编写，同时我们购买了可以搭载在Arduino平台上使用的颜色识别挥手传感器模块和红外测距模块。它们可以让我们的原型识别出一些简单的手势动作，如上、下、左、右的挥手动作，向前点击的动作，手部的移动等。这样的科技组件可以帮助我们实现我们所设计的几个主要的交互动作。我们使用Arduino官方提供的 IDE编程环境，对我们所购置的智能硬件进行程序编写和测试。

# 第二节　产品评估

设计环节的测试评估，以原型为基础，测试原型设计是否能有效地解决用户遇到的问题，包括交互原型评估、产品概念评估、产品可用性评估、产品模拟评估等。

## 1．交互原型评估

交互原型评估用来模拟测试用户与未来产品的交互。它能帮助设计师在设计概念发展的早期进行概念评估，促使设计师在概念发展阶段形成一个快速学习的周期。交互原型评估可以被运用于整个项目设计周期中，但通常情况下，它与概念发展阶段制作的交互原型配合使用最有效。设计师通常会为未来的目标用户与目标产品预设一种特定的交互方式。运用交互原型能快速实现该交互方式并能对设计师预设的交互行为的可行性进行测试。通过这种方式，设计师能结合真实的用户反馈对设计概念进行迭代改进。交互原型也能帮助设计师更好地与客户交流未来产品的交互方式。

此外，交互原型还能将设计师带入产品与用户交互的各种情境中。这些交互情境能为设计师提供与用户体验相关的具体产品信息（如使用场合、使用顺序、几何形态特征、材料品质等），从而改进设计大纲和设计要求。如何使用此方法？交互原型是在制作过程中不断得到完善的。设计师可以运用这种方法灵活地想象并细化未来的交互方式。该方法将你和团队的注意力集中于未来的交互方式上。设计师应小规模地使用该方法，一次性或重复使用皆可。设计师可以运用交互原型测试并观察用户对设计概念的感受，从而确定产品的设计特征，如物理形态、产品使用顺序等，也能从中看到设计中的知识空白。

交互原型评估的主要流程如下：

第一，为预期的交互方式绘制一张快速场景草图，即故事板。

第二，制作一个交互原型，即一个粗略、简单的模型，用来探索想表达的各种设计特征。

第三，邀请用户（或用户扮演者）就像使用真实产品一般使用该原型（模拟与产品的交互过程），然后逐步调整改进最初的设计原型，不断重复该过程，直到得出令人满意的、能进入下一阶段发展的设计概念。在该步骤，观察者需要注意用户的行为及其语言，务必全面地记录整个交互过程。

第四，评估观察所得的交互特点，如"用户和产品的互动方式很优雅"，将这些交互特点联系到产品设计中的各种属性上，按需修改设计。

这个方法也有一定的局限性。用户可能会将该方法与产品可用性评估混淆。使用该方法能深入洞察产品设计概念的交互体验特征。使用该方法所得结果有助于设计师进一步发展设计概念并将设计要求清单全面细化。

制作原型是一个快速的过程，尤其当设计师积累了一些经验且能力达到一定程度后，可以让更多人参与到此方法中，如在客户会议中使用。另外，设计师应尽量邀请一些有即兴表演能力或戏剧表演能力的人员参与。不过，这并不意味着只有专业的演员或即兴表演者才能使用该方法。任何人都可以制作一个简单的设计原型，并观察用户或用户扮演者与该原型的交互行为。所有的交互体验过程应尽可能地用行为方式表达出来，避免过多使用话言对话。通常情况下，每个交互原型的使用和评估过程需要花费2~4小时。

## 2．产品概念评估

产品概念评估可被用于整个设计流程中。概念筛选通常建立在大量的产品创意和设计概念的基础之上，因此它在设计流程的初始阶段使用频率更高。概念优化则常被用于设计流程的末期，因为此时，设计师需要对现有的概念进行改进。

产品概念评估的目的在于验证产品设计是否实现了预期功能，通过发现和描述产品功能以及使用这些功能，设计师生成新的想法和新的概念。在这个阶段，设计师可以通过各种类型的模型进行模拟和测试，如虚拟手段、实物模型、原型产品或者图表等。设计师可以通过使用模型对假想情况进行验证，建模可以实际验证方案原理是否按照预期的方式工作。在这种情境下，设计可以被看作预测的过程。

通常情况下，设计师只有控制评估环境，才能有效进行产品概念评估。评估者需引导参与者对照预先设定的评估因素清单对设计方案进行评判。因此，产品概念评估不仅需要预先产出大量的待评估的设计概念，还需要对评估的原因做出解释。概念筛选一般由产品经理、工程师、市场专员等专业性较强的专家而非用户群代表来进行。概念优化的主要对象是产品创意和设计概念中所涉及的具体部件和元素。此处有一个假设前提：每种产品概念中的优秀元素可以被挑选出来，整合成一个最优的设计概念。在经历初步筛选后，设计师需要进一步从2~3个已选方案中再次做出选择，并决定是否继续发展这些方案。

在产品概念评估过程中，用户体验研究员可以运用以下几种方法展示设计概念。

第一，文字概念。运用场景描述形容用户如何使用该产品，或列举该创意的各方面特点。

第二，图形概念。运用视觉表现方式呈现产品创意。在设计流程的不同阶段可以灵活运用不同的表现方式，如设计草图、计算机辅助设计模型等。

第三，动画。运用形态视觉影像展示产品创意或使用场景。

第四，虚拟样板模型。用户体验设计师运用三维的实体模型展示产品创意。展示步骤如下：

第一步，详细地描述产品概念，技术人员评估是否能最终实现，并沟通实现的功能与方式。

第二步，根据与技术人员的沟通结果，选定产品概念评估的方式，如个人访谈、焦点小组等。

第三步，详细地制订评估计划，其中可包括评估的目的和方式、对受访者的描述、需要向受访者提出的问题、需要被评估的产品概念的各个方面、对测试环境的描述、评估过程的记录方法、分析评估结果的计划等。

第四步，招募并筛选受访者参与评估，并提前调试好评估材料，设定测试环境并落实记录设备。

第五步，引导受访者进行概念的评估，并记录相关的数据。

第六步，分析评估结果，并准确呈现所得结果，如以报告、海报、图表等形式展示结果。

产品概念评估案例：

心理动机——改善驾驶员交通不良行为中的设计点

在产出设计方案之后，设计师需要对该方案是好是坏进行评估。本研究运用实验室评估的方法对设计概念进行评估。

（1）评估方法

本设计采用实验室评估的方法，邀请被试来实验室对两种设计概念进行评估，并给予相应的反馈。

（2）被试

共有20名被试参与了该评估，其中11名被试为女性，9名被试为男性，平均年龄为24.5岁，被试均具有驾车经验。被试基本情况见表1。

表1　被试分配表

| 变量 | 类别 | 人数 | 百分比（%） |
|---|---|---|---|
| 性别 | 男 | 9 | 45 |
| | 女 | 11 | 55 |
| 总数 | | 20 | 100 |

（3）概念评估问卷

该概念评估问卷主要有四个维度的问题，分别是功能体验、认知体验、情感体验及超期体验。设计概念的功能体验维度主要测试设计概念是否能真正抑制驾驶员的交通不良行为，以及设计概念整体的逻辑性和流畅性。情感体验维度主要测试设计概念是否能够满足用户的基本情感需求，用户是否会产生不良情绪。优秀的用户体验不仅能解决用户的痛点，还能满足用户的情感性需求，使用户获得超乎预期的惊喜感与愉悦感。

本次评估针对三个设计概念，概念二和概念三是针对交通不良行为惩罚的，概念一是针对良好交通行为鼓励的。因此，我们设置了两份概念评估问卷。针对概念二和概念三，我们设置了概念评估问卷A。

功能体验维度中的题目如下：

- 操作流程简单易懂
- 能够快速学习“踩”“赞”的流程
- 使用该功能不会影响我的驾驶

认知体验维度中的题目如下：

- 我很喜欢这个设计

- 我对这个设计非常不满意
- 我觉得我的车内需要这个功能

情感体验维度中的题目如下：

- 这个设计能够使我的出行更加愉悦
- 如果被“踩”的人是我，我会产生明显的消极情绪
- 该设计在使用过程中能够给我轻松的感觉
- 我的出行会因为有这样的设计更加顺畅

超期体验维度中的题目如下：

- 我觉得这个设计给我一种惊喜的感觉
- 我觉得这个设计具有创新性
- 我觉得这个设计没有给我带来惊喜的感觉
- 如果有这样的产品，我会推荐给我的朋友

针对概念一，我们设置了概念评估问卷B。概念评估问卷B中只有功能体验维度中的题目与问卷A有差异，包括：

- 当我做出不良行为之后，该设计能够有效地阻止我下次产生交通不良行为
- 当我意识到不良行为之后，我的车会记录下我的行为，我的不良行为就会被有效地抑制

该评估问卷采用的是李克特的五点量表法，其标准为“完全不符合”计1分，“不太符合”计2分，“不确定”计3分，“比较符合”计4分，“完全符合”计5分。

问卷中有两道反向计分题：“我对这个设计非常不满意”和“我觉得这个设计没有给我带来惊喜的感觉”。对于反向计分题，其标准为“完全不符合”计5分，“不太符合”计4分，“不确定”计3分，“比较符合”计2分，“完全符合”计1分。

（4）评估过程

整个评估过程都会被录像、录音。评估过程主要包括以下五个步骤：

第一，主试向被试介绍研究背景。

第二，主试向被试介绍概念二及概念三，并展示故事板。

第三，被试完成概念评估量表A（见附录1）。

第四，主试提问被试对概念二及概念三的建议。主试向被试介绍概念一，并展示故事板。

第五，被试完成概念评估量表B（见附录1）。

第六，主试提问被试对概念一的建议。

（5）评估结果

通过对问卷数据的整理，我们分别将概念评估问卷中的功能体验维度和情感体验维度的四道题分数相加，得到功能体验分数和情感体验分数。对于认知体验维度和超期体验维度，我们将反向计分题的分数反向处理，然后再相加，从而得到认知体验分数和超期体验分数。

另外，通过对访谈资料的整理，我们得出关于AR导航信息呈现功能以及在视线受挡情境下导航显示功能概念的建议及反馈。

①概念一评估

该设计概念旨在通过恐惧感的引入使人们在做出交通不良行为之前就想到、感受到、预期到交通事故带来的危险，从而改善人们的交通不良行为。具体方案为：汽车会记录人们在驾驶中的交通不良行为，并将视频中的交通不良行为合成可能导致的交通事故，播放给驾驶员看，让他感受到自己的交通不良行为隐藏着的巨大危险，增强他对交通不良行为危险性的认识，从而使其在日后的驾驶中提高警惕，杜绝侥幸心理，做到文明驾驶。此设计的灵感来源为在用户调研过程中，人们普遍反映，交通事故是对自己交通不良行为最好的抑制因素，不论是亲眼见到的交通事故还是亲身经历的交通事故。因此，我们可以利用人们对交通事故的恐惧感纠正人们的交通不良行为。但是，这样的设计可能会引起用户的不适。

②概念二和概念三评估

第二个设计概念是通过社会赞许正向强化人们的良好交通行为，以及通过惩罚减少人们的交通不良行为。具体方案为：司机在驾驶过程中可以为其他车的司机点“赞”。当司机被“赞”的数量达到一定标准之后，便具备了“踩”的资格。这样的“赞”或者“踩”无关乎车与人，而纯粹是对驾驶行为的评价。被“赞”的数量会被记录在系统中，用户可以分享到社交媒体。这样在自我展示过程中，良好的驾驶行为就会得到强化，而被“踩”的司机会收到系统的“@”信息，并被告知自己刚刚的不良行为影响到了其他司机或行人，同时被“踩”的司机在其他车的视野中的透明度会提高，其他车的司机将可以看到被“踩”司机本人，这样可以给不良行为较多的司机被监督感，从而纠正他的不良行为。此设计的灵感来源为在用户研究过程中被试普遍提到的警察的监督，因此给司机创造被监督感可以很好地纠正其交通不良行为。但是，这个设计方案的实施在科技方面可能存在一定难度，并且，光学信息要经过车玻璃处理之后再进入司机视野，相比传统的外界信息直接进入司机视野多了一道视觉信息传递的门槛，这在安全上存在很大的隐患。

③小结

通过概念评估，我们收集到许多用户的建议，即以恐怖感及被监督感为设计准则的设计概念很容易唤起用户的消极情绪，进而影响用户心理状态。所以后期我们需要再斟酌概念一中对用户行为进行抑制的因素，从而能够在抑制交通不良行为的同时顾及用户的情绪，避免抑制用户不良行为的因素带来的消极伤害。对于进行积极正向鼓励的概念二和概念三，大多数用户持认可态度，认为这个概念能够有效地促进驾驶员产生良好的交通行为，减少不良交通行为的发生。

### 3．产品可用性评估

产品可用性评估是交互式产品的重要质量指标，指的是产品对于用户来说有效、易学、高效、好记、少错和令人满意的程度，即用户能否用产品完成他的任务，效率如何，主观感受怎样等。从用户角度所看到的产品质量，是产品竞争力的核心。

产品可用性评估的一个重要方面就是验证关于产品使用的一个假设，即产品的特征是否能够“暗示”用户该产品的使用方法。这一假设是通过产品可用性评估研究出来的，这些产品的特征被称为使用线索。使用线索是指具有意义的产品特征，这些特征向用户表明了一个产品具有什么样的功能，以及这些功能如何被使用。有些使用线索是设计师有意设计的，而有些使用线索是在可用性测试的过程中被发现的，这也是可用性测试的目标之一，即测试有意识的使用线索，并发现无意识的使用线索。

用户体验研究员可以基于原型或现有产品，也可以基于草图、纸原型、低保真原型，还可以基于高保真原型进行可用性评估，并设定特定的使用情境和任务，报告用户在使用过程中遇到的问题以及使用情况，如产品的效率、有效性，以及用户满意度，并在测试结果的基础上进行改进。但要清楚的是不同实现程度的设计会有不同的研究侧重点。用户体验研究员在评估过程中可以以录音、视频及拍照的方式进行记录，方便后续对不同被试做出对比。测试结束后用户体验研究员可以使用提前设置好的量表让用户对产品的不同方面进行评分，并对结果进行定性分析（相关问题的回答）及定量分析（计算用户完成任务的时间、错误任务的频率、评分等级等）。

产品可用性评估的过程如下。

第一，用故事板的形式表达预期的真实用户及其使用情境。

第二，确定评估内容（产品使用中的哪个部分）、评估方式以及在何种情境下进行评估。

第三，详细说明设计假设：在特定环境中，用户可以接受、理解并操作产品的哪些功能（即使用方式和使用线索的特征）？

第四，拟定开放性的研究问题，如“用户如何使用这件产品”或“用户使用了哪些使用线索”。

第五，设立研究：表达产品设计（故事板或实物模型等），确定研究环境，为参与者准备研究指南和研究问题。

第六，落实参与者并让其知悉研究的范围（如个人隐私问题等），进行研究并记录所有活动的过程。观察有意或无意的使用情况。

第七，对结果进行定性分析（相关问题及机会）和（或）定量分析（如计算发生的频率）。

第八，交流所得成果，并根据结果改进设计。在评估过程中，用户体验研究员往往会产生许多设计灵感。

通过产品可用性评估，设计师会了解在用户真正使用过程中哪些功能会带来好的体验，哪些会带来不好的体验，从而在测试完成后的迭代设计中进行强化和改进，并通过观察用户的真实使用场景激发新的灵感。

产品可用性评估案例：

基于智能摄像设备投影功能手势交互研究

产品可用性评估的基本内容就是让用户在研究者预设好的情境下，实际体验整个交互流程，完成研究者所布置的任务，而研究者需要做观察和记录，并在结束后采访用户的真实体验感受。

（1）方法

在本研究中，我们采用发声思考的方法，即在完成任务的过程中，用户边操作边说出当下的想法，如“我觉得现在应该这么做了”等，然后我们就可以了解到用户现在是如何想的，他们的关注点在什么地方，他们在什么地方遇到了困难等。这会让我们更加容易发现我们所设计的原型在交互过程中存在着什么样的问题。

（2）被试

我们邀请了5位用户参与本次测试，这5位用户都是“90后”，并且他

图3 用户测试进行中

们都是参加过情境观察的被试，有使用过我们所提供的智能摄像设备的经历。他们的背景各不相同，其中，3人是学生，2人是职员。他们的受教育水平也是不同的，3人是大学本科水平，2人是研究生水平。在测试中，这些对于我们设置情境都不是十分重要，我们需要保证的是他们有过使用智能摄像设备的经历，所以这5名参与者都符合我们的要求。

（3）研究材料

在用户测试中，我们准备的材料有之前情境观察中使用的微投影摄像设备，即索尼的HDR–PJ410投影摄像机，以及我们制作的高保真原型，还有一台笔记本电脑（用来播放我们的界面原型）。我们还准备了白纸和笔，用于对每个被试的测试过程进行记录。

（4）步骤

每个参与者完成测试的时间为20~30分钟，在这期间每个参与者都需要按照要求完成我们设定的任务，并在操作时说出自己当下的想法，在测试后需要说出自己对刚刚测试过程的感想以及对整个体验过程的满意度。测试步骤如下：

第一，我们对参与者进行项目背景说明，并解释设定好的情境。

第二，我们为参与者讲解基本的操作流程，让参与者理解原型是怎样使用的。

第三，测试开始时，我们会按顺序为参与者布置一些任务，参与者需要一一完成。在操作过程中，参与者每进行一步操作，都要说出自己的想法。

第四，测试结束后，我们会对参与者进行有关体验感受和满意度等方面的提问。

（5）测试结果

测试结束后，我们得到了一些发现。例如，参与者的操作过程都比较流畅，任务完成率都很高。在访谈时，参与者这样说："我是第一次使用这样用手势控制的设备，我觉得很新鲜，使用下来也很流畅。"这说明我们所设计的手势交互满足了用户对于操作简单易懂的要求。在界面方面我们也使用了比较有代表性的图标，这让用户很容易理解如何去操作。但是，也有一些地方没有达到用户的预期。例如："我觉得必须返回到最开始的界面去寻找不喜欢的图片文件夹，这让我感到很费劲，如果能直接一步返回或者能直接删除不喜欢的这张就好了。"这可能没有表达出我们的预期目的，我们本是想将不喜欢的图片进行归类后，可以直接将文件夹删除，这样可以做到批量管理，这导致用户对这个功能的不理解。我们也将根据用户的意见，对这里进行修改。还有的用户指出："这个动作的幅度太大，这个姿势也很别扭，如果能换一个手势代替就好了。"这一点也与之前专家评估时提出的问题相吻合，这说明这个手势确实会让用户觉得不自然，与我们之前设计准则中提到的自然、自由的准则不相符，所以我们也需要在这一点上考虑改进。

## 4．产品模拟评估

"产品能否按我们的预想来完成工作呢？"不得不承认，设计师在定义新产品时常常会有这样的疑问，这并不是出于对产品设计上的不自信，而是在设计产品时，最初的预设环境并不能包括产品在现实使用中可能遇到的各种问题。所以设计师在对产品进行评估时也考虑添加产品模拟评估这项。

产品模拟评估的目的在于验证产品设计是否实现了预期的功能。通过发现和描述产品功能并使用这些功能，设计师产生关于产品的新想法和新概念。在设计过程的创造阶段，设计师的职责在于为想要实现的产品功能寻求最适宜的技术支持方案。

为了执行一次模拟评估，设计师首先需要为想要实现的功能以及技术方案原理构架模型。在设计阶段，很多类型的模型可以用于模拟和测试，如虚拟手段、实物模型、原型产品草图和图表。设计师可以通过使用模型对假想情况加以验证，建模可以实际验证方案原理是否按照预期的方式工作。在这种情境下，设计可以被看作预测的过程。首先，技术人员先假定某种技术方案能够实现一个或几个预先确定的功能。然后，他们架构模型，对这一过程加以预测，并通过对模型的模拟，来研究他们所做出的预测是否能够支持他们的假设。这时设计师需要通过做试验以验证模型，并且查对预测的准确性是否充分。换句话说，设计师通过试验来断定他们所研发的模型是否能够证明产品或功能背后的技术方案原理确实和他们之前假定的情况相吻合。通过试验进行建模、模拟和验证是设计过程中的几个重要方面。

产品模拟评估遵从以下五个步骤。

第一，对产品模拟的目标加以描述。分析当前情况，确定产品使用的不同场景。

第二，确定想要一直使用的模型类型。制作模型，将产品创意以符号化的语言融入模型创建当中。如果有必要的话制作一个原型产品。选取或架构适宜的数学模型。

第三，执行模拟评估。为测试制订一个计划。记录测试过程及结果。

第四，对测试结果进行解释说明。

第五，评估测试结果，依照之前所制定的模拟目标对测试结果加以思考。

# 第三节　迭代

迭代式设计是基于循环过程的设计流程，包括用户调研、数据分析、概念设计、用户测试、改进和完善设计等环节。这个设计流程的最终目的是提高设计的品质和功能性。它在人机界面的设计与开发中经常被运用到，来帮助设计师在发布产品之前发现设计中存在的交互和可用性等问题。经验表明，即使是世界上最优秀的设计师也不可能在第一次设计中就造就完美的产品，所以经得住推敲和考验的设计往往需要围绕迭代式设计展开。

## 1. 敏捷开发和迭代式开发

传统的瀑布式开发模式，严格地把项目的开发分隔成各个开发阶段，并定义了各个开发阶段的输入和输出。如果达不到要求的输出，下一阶段的工作就不展开。这种通过预先计划来掌控项目进展的做法，导致其产品很难适应变化巨大的市场需求。互联网公司的软件项目，其需求不确定性往往很高，它需要快速响应市场和用户的变化。项目设计师在做项目的过程中往往会发现新的需求，或者发现原来的方向已经有所偏离，需要马上进行调整。如果软件公司不能有效地应对这种快速变化的市场需求，不能及时调整方向，就有可能被市场淘汰。相比于瀑布式开发模式，敏捷开发非常适合应对需求不明确的软件项目。

敏捷开发的核心是快速迭代。敏捷开发与瀑布式开发的计划驱动不同，强调的是测试/价值驱动，它所强调的计划是“固定时间，弹性范围”，即在规定的时间内，开发团队尽量利用可利用的资源，实现最大的价值，是一种“周期内能做多少就做多少”的方式。换言之，敏捷开发是一种自下而上的工作方式。开发团队在计划时间内可以充分发挥潜力，不受制于某个既定的方向或规则，这就使设计出来的软件有灵活性和可扩展性（如图5-3所示）。

下面以一个例子来说明敏捷开发过程。

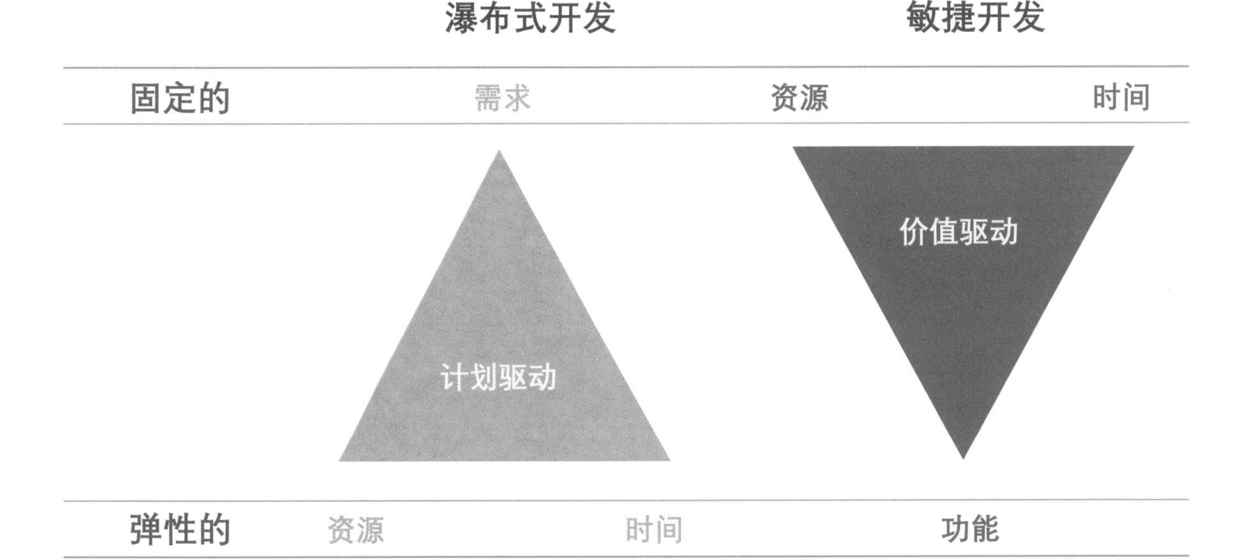


图5-3 敏捷开发的自下而上的思想

例如，北京师范大学心理学部用户体验研究中心与法国标致雪铁龙集团合作的“车外交互用户体验设计”项目就很好地应用了敏捷开发。该项目由具有计算机、心理学、项目管理、文学等背景的6名成员组成。整个项目包含两轮迭代，通过调研分析得到停车、超车、远光灯、车队组队及自驾娱乐5个典型场景，设计师据此设计出9个交互概念并通过乐高搭建原型进行测试。

在测试过程中，用户对设计的可用性、易用性、乐用性和交互细节等维度进行了评估。此后，用户体验研究员根据用户的反馈对设计方案进行了优先级排序，最终保留了用户满意度较高的6个交互设计方案，并进行优化与迭代。迭代方案完成后，用户体验研究员运用虚拟现实将方案进行了原型搭建，同时邀请30名用户对方案进行了测试，以便进一步优化。

迭代式开发也被称作迭代增量式开发或迭代进化式开发，是一种与传统的瀑布式开发相反的软件开发过程，它弥补了传统开发方式中的一些不足，具有更高的成功率和生产率。它不要求每一个阶段的任务做得都是最完美的，而是明明知道还有很多不足的地方，却偏偏不去完善它，而是把主要功能先搭建起来，以最短的时间，最少的损失先完成一个“不完美的成果”，然后再通过客户或用户的反馈信息，对这个“不完美的成果”逐步进行完善。

敏捷开发与迭代式开发是整体与局部的关系。敏捷开发是一个总体概念，而迭代式开发只是几乎所有敏捷开发中都采用的一个主要的基础实践。敏捷开发除迭代式开发外，还包含其他许多管理与工程技术实践，如演进式架构设计、敏捷建模、重构、自动回归测试，等等。迭代式开发起源于20世纪七八十年代的迭代、递增、演进式方法，而敏捷开发（在迭代式开发的基础上）起源于20世纪90年代中后期。

敏捷开发强调的快速迭代能让产品研发团队进行快速的学习。每次迭代结束后，研发人员都能将新的产品增量交付到用户手中，从而根据用户的反馈去评估当前产品的发展方向是否正确。因此，现在互联网公司都普遍采用敏捷开发的方式来研发产品。具体地说，敏捷开发方式有以下优点。

第一，专注。由于时间和精力有限，因此每次迭代开发当前优先级最高的需求，能确保开发团队的注意力集中在对客户最有价值的工作上。

第二，拥抱变化。需求在进入开发、测试阶段时仍然可能发生诸多变化，因此更包容地接纳需求变更能帮助设计师及时修正产品的不足，使之更完善，更能满足用户的需求。

第三，快速学习。短迭代周期能增强团队的学习能力。频繁交付缩短了反馈周期，能让团队及早暴露弱点并移除障碍，及时调整产品的发展方向和需求规划。

第四，沟通顺畅。敏捷开发强调的面对面沟通方式一方面能够使信息传递更加清晰明确，另一方面有利于团队成员间进行良好的情感交流，从而更好地协作。产品负责人知道市场状况、用户需求和需求的价值，开发团队知道产品和技术的可行性，双方的紧密结合，能保证团队交付出满足用户需求的软件。

在移动互联网产品策略层中，战略层确定抽象的产品目标，而范围层将战略转化为实际需求，包括产品功能与特性的需求。由于产品目标会随着不同阶段的发展而发生变化，因此互联网产品会在生命周期的不同阶段，通过迭代更新等调整手段实现不同产品功能与特性需求的满足。这一演进方式越来越多地在新兴产品设计开发中得到体现。例如，2017年第三季度发售的一款名为Blocks的智能手表（如图5-4所示）是一款可定制的智能手表，由彩色触摸屏、加速度计、陀螺仪、骁龙400处理器的智能表盘及多种模块化功能表带组成。不同模块的表带提供不同功能，用户可以通过配置其他功能的表带模块来满足不同的功能需求，制定属于自己的智能手表。预售阶段的Blocks功能表带包含GPS模块、心率模块、可编程模块等，但Blocks智能手表是一款可“生长”的产品，用户

图5-4 Blocks手表

可通过网络平台以开发者的身份参与到后续表带模块的设计研发中。在后续阶段，使用者可选择更换新型的功能表带或更新“可编程模块”表带，以适应科技与时代发展所带来的需求变化，满足个性化使用需求。

Blocks智能手表通过网络平台与目标用户建立了实时联系，这就提高了产品对市场与用户需求的反馈速度，使其能更精准地把握目标用户的个性化需求。同时，研发人员通过对模块化表带的持续微小化、个性化创新与研发，在低成本的情境下实现了产品的快速化、可持续化创新，提升了产品的活跃度与用户黏度。

由上述案例可见，在设计开发中，研发人员可通过参与式、模块化、小批量化、平台化、微小创新等多种方法，为实体产品的快速迭代、持续创新提供可能。

## 2. 精益用户研究

创业公司的根本活动是：首先把想法变成产品，接着评估客户的反馈，然后从中得出结论，并决定是否继续发展项目。所有成功的项目在初期开发阶段都是加速反馈循环的。精益的思想逐步被用到设计领域中，其核心是将设计紧紧和用户研究贴合在一起，通过对用户的理解以及用户测试实现精益的设计（如图5-5所示）。

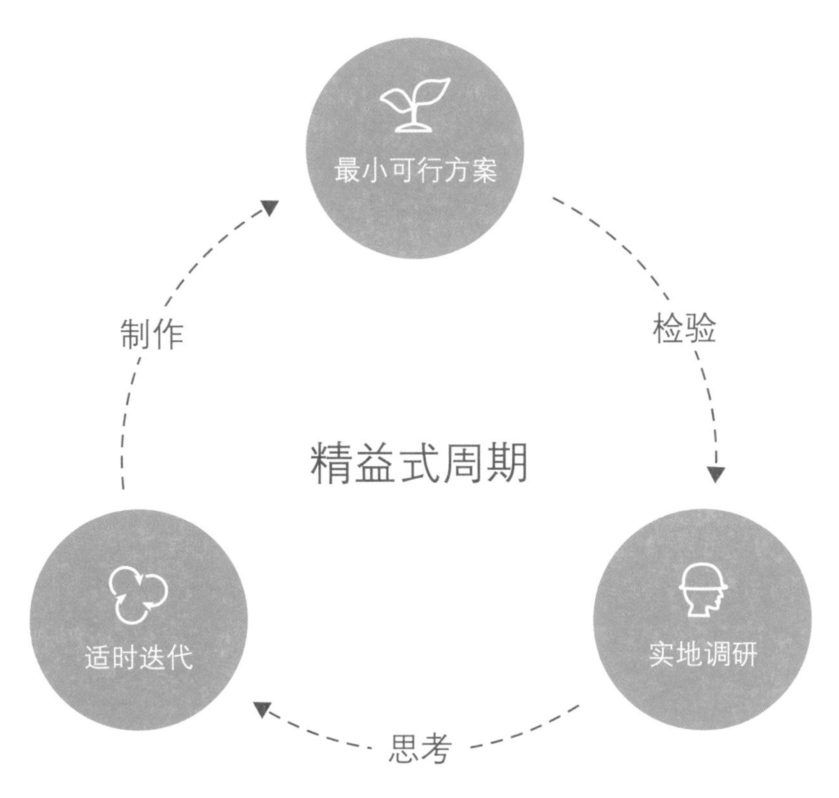


图5-5 精益式用户体验核心概念

精益用户研究是深入洞察用户的一门学科，其核心是如何了解用户的方法逻辑，以及如何让用户有效地参与到整个设计流程中。通过精益研究，研发人员可以把正确的信息在正确的时间提供给正确的人。精益用户研究将会回答与用户有关的三个问题：第一，用户需要什么；第二，用户想要什么；第三，用户是否会用这种东西。

（1）用户需要什么

这是开发人员需要搞清楚的最重要的一个问题，它关乎产品开发的风险性。要研发出有价值的产品，最关键的就是找到用户的需求。用户的需求是会改变的，再加上市场的变化，或者政策的影响，等等，也许几个月之后用户就不再有之前的需求了，所以探索这个问题的时间尤为重要。

探索“用户需要什么”有两个很好的时间点：产品策划的开始阶段和开发实施的评估阶段。

当研发人员开始策划一个产品的时候，会试图找到许多产品所要解决的问题，如谁是目标用户，用户的需要是什么，这些信息对于之后的开发大有裨益。发现用户的真正需求将会帮助研发人员完成产品的开发。

在评估阶段，研发人员可以通过可用性测试，即让用户来使用产品，来了解产品是否满足了他们的真正需求。虽然搞清楚用户的需求应该是在开发产品之前，但知道这个问题的答案，什么时候都不算晚，因为比起批量生产或者上线运行所带来的成本和影响，否定一个错误的产品开发相对来说更合理。

想要搞清楚用户需要什么，首先需要定量的数据支持。如果是在开发产品的新版本，那么研发人员可以借鉴之前版本的数据。如果面对的是新领域的产品，研发人员可能需要行业报告的数据，或者通过抽样收集用户的行为数据。无论数据的来源是什么，研发人员都需要有一个分类整理的过程，可以根据时间，也可以根据地点，或者是根据用户的情绪，这要根据开发产品的实际情况来确定。总之，要通过归类的方法把用户的数据整理成可以量化的数据，并进行定量分析。定量分析的目的不是选出选票最多的需求，而是对整个用户群体的需求有一个宏观的、抽象的认识。

因为定量数据很难表达用户内在的需求和动机，所以研发人员在对用户群体有了整体认识之后，就该进行定性探索了，而定性探索的方向应该基于定量分析的结果。通常定量分析和定性分析应该多次交替进行，在定性探索遇到瓶颈的时候，研发人员应重新回到定量分析中寻找方向，直到挖掘出值得开发的用户需求。

（2）用户想要什么

“想要什么”和“需要什么”并不相同。举一个简单的例子：每个人都会因为受到某些广告的影响购买一些之后完全用不到的商品，或者说买的时候想要而实际上并不需要的商品，这些商品就属于“想要”。探究“用户需要什么”主要通过分析、洞察等演绎法来完成，而回答人们“想要什么”则更多依靠归纳法来完成。

研发人员在探究想要设计的产品是否是用户想要的产品的过程中，需要降低尝试的成本。研发人员可以先完成一个能传达最终产品思想的事物，然后交由用户，通过用户的反馈判断其是否可行，就此产生了两个方式：最小可执行产品和假门实验。

①最小可执行产品

和用户体验设计中的原型类似，最小可执行产品是一个尽可能小的功能集的最低版的产品，不过它涵盖的范围很广，只要能传达出最终产品的思想都可以成为最小可执行产品，甚至许多都不算是一种产品。

在这里我要分享一个故事。两个互联网公司的设计师在谈论他们的最小可执行产品。A说："当有一个想法的时候，我们就在论坛上放一个假消息，说是内幕要推出一个××功能的产品，看看下面评论就知道该不该去开发了。"B笑笑说："好麻烦，我们有了新的想法就随便做一张UI，然后发到朋友圈里，点赞的人要是多了，就可以开发。"讲这个故事的重点不是推荐这两种最小可执行产品的方法，而是传达出一种思想，即要尽可能找到一个低成本又能传达出产品功能的方法，不要局限在原型的概念中。

②假门实验

假门实验，顾名思义，就是制造一扇"假门"，通过用户去开这扇假门的次数来获知用户是否想要。例如，某个电子商务平台的内测版本中添加了一个"在朋友圈众筹"的按钮，当用户点进去时，发现只是一个该功能正在开发的页面。在这个过程中，用户不会觉得自己被欺骗，而研发人员则通过用户的点击次数了解了用户是否想要这样一个功能，这样做成本很低。

无论是最小可执行产品还是假门实验，都是一种通过"试错"来收集用户是否喜欢的方式。它们所强调的低成本也就意味着可以多次、高频、快速地进行尝试。

（3）用户会用这种东西吗

一个设计师最容易在什么时候忽略用户的看法而靠自己的想法来做判断呢？通常是在否定某种设计思路的时候。

"用户喜欢简洁的操作"在很长时间里都是一项被公认的设计准则。2016年，网易推出了一款名为"阴阳师"[①]的手游，其中抽取卡片的操作是在屏幕上画一幅一笔画，或者说一段语音，你画了什么或说了什么并不会对抽取卡片的结果有任何影响。这款看起来违背了简洁操作准则的游戏应该被用户厌弃，但事实上这种拥有较高自由度的交互方式得到了好评，大量用户在社交网站上晒出自己精致的一笔画。他们讨论不同的画与抽卡的结果之间的关系，这种热烈的讨论让这款游戏成为当时大热的游戏。这说明了一个问题，许多准则都是一种普遍情况，在复杂的实际情况中，某些情况会产生不可预测的结论，就像有趣的交互方式会让人们愿意承担学习的成本一样。所以，用户到底会不会使用这种东西，依旧需要用户来回答。

① 《阴阳师》：由中国网易移动游戏公司自主研发的3D日式和风回合制RPG手游。游戏中的和风元素是以《源氏物语》的古日本平安时代为背景设计的。游戏剧情以日本平安时代为背景，讲述了阴阳师安倍晴明于人鬼交织的阴阳两界中，探寻自身记忆的故事。

# 扩展阅读——与大咖面对面

三星电子UX总监分享了三星公司在用户体验行业热点的研究与用户体验研究员应具备的基本素养。

市场研究和用户研究在产品研发的整个过程中都十分重要。公司要研究市场趋势，要研究用户行为及其需求，公司非常重视并非常依赖用户研究结果。通常来说，整理、分析完需求以及完成设计之后，还需要最终进行验证，检测最终的设计是不是真实匹配到这个需求。也就是说，产品研发过程中需要紧密地跟用户体验研究员合作。

我之前整理了很多关于设计的流程图，尤其是创新性设计。通过借鉴这些流程图，我希望一个设计研究员可以发挥更大的作用，同时对自己专业领域的各种研究方法是如何得出结论的过程与逻辑非常了解。另外我也希望在整个设计过程当中，我能够参与地更深，给予更多自己的意见，可以跟整个相关团队成员在一个理解的水平上。

一个小故事可以讲述用户体验研究中的道理。有人问泥瓦匠：你在做什么？第一个人说“我在砌墙”，第二个人说“我在盖楼”，第三个人说“我在创建美好的生活”。显然第三个人是从更高的级别来看这件事情，最终得出的结果也是更好的。所以用户体验研究员要从多个视角看待问题，不要仅仅局限于现有的环境。当然上面故事中的泥瓦匠已经有了方向。还有一种情况是主题并不确定，需求也未知。跟用户体验研究员现在所处的位置十分相关，我们不仅要对马上上市的产品负责，还要做未来战略计划。

在设计的各个环节，如用户研究、交互设计、图形设计，我们不仅仅要做好现阶段的执行和设计，还要做一些研究性的工作。例如，对于用户研究，我们会做一些影响用户行为的大事件的分析。例如，苹果公司入股滴滴花了十亿美元，为什么？我们也会关注O2O的爆发，还会关注雷军在自己的办公室通过在线直播的方式发布新产品——无人机。视频直播当时有58万人同时在线看，却没花一分钱。像这些影响用户行为的大事件，我认为用户体验研究员也应该时刻关注，而且还应该思考身边产生的行为变化可能代表了何种用户行为趋势。例如，以前用户在手机上自己下载一些应用和视频，而现在更多的是在线使用及观看，到底是什么影响了用户的行为呢？

用户体验研究员还需时刻关注用户行为背后的心理因素和深层次的心理诉求，实际上用户需求是所有产品或者是产品设计的出发点。例如，我们现在看到的一些之前认为匪夷所思的行为其实是有不同的用户需求的。以前我们认为用户分享的照片应该是漂亮的、体面的，但是现在很多人把自己穿着睡衣还没有梳洗的照片发到网上。这可能是由于年青一代大多都是独生子女，相对来说比较孤独，大多喜欢宅在家里，因此才有了这样的行为。也就是说，背后的心理因素和心理诉求决定了他们的行为，然后引发了这样的一些大事件，最终反映到我们的产品当中，所以用户体验研究员要不断地做这方面的积累和研究。

# 实战案例 06

本章通过四个用户体验实战案例展现用户研究流程、用户体验策略和用户体验设计方法在实际项目中的应用与渗透。作为一个以实践为基础的专业方向，理论的最终落脚处是用户体验与商业社会、科技创新的紧密结合。以下案例有助于读者理解用户体验与商业、技术、设计的融合点。本章一共有四个案例，分别围绕着用户研究、服务设计、体感交互设计和移动界面设计展开。围绕着用户研究展开的是盲人的感知能力在汽车用户体验中的应用研究的案例；围绕着服务设计展开的是古点咖啡的案例；围绕着体感交互设计展开的是飞利浦灯光交互的案例；围绕着移动界面设计展开的是案例——走吧。

# 案例一　司机群体痛点和需求分析

本研究通过招募司机参与工作坊的方式，收集司机用户群体的典型特征信息以及他们在出行过程中的痛点和需求，再通过一对一深度访谈的方法，深入挖掘痛点和需求背后的原因。

## 1．探究司机群体痛点与需求工作坊

工作坊是指将不同角色的人聚集在一起，针对某个问题进行交流，共同思考，分析与讨论，产生具有创新性的想法或结论的一种方式。在开展工作坊的过程中，主持人进行引导，工作坊成员在主持人的引导下使用各种材料作为工具，以便更好地达成研究目的。李（Lee）在1992年通过举办工作坊，将对设计理念管理感兴趣的具有不同背景的人员聚集在一起，得出关于设计原理的相关性质、设计理念以及未来合作模式等想法与结论。罗托和卡西宁（Roto & Kaasinen）在2008年的研究中就通过招募用户体验开发者和用户体验研究员参与工作坊的形式，得出关于移动互联网用户体验的想法与经验。

（1）目的

本研究的目的是通过招募具有丰富驾车经验的司机参与工作坊的形式，运用一定的工具和材料，探索司机群体的特点及其需求与痛点。

（2）被试

依据研究目的，我们邀请具有丰富经验的司机（驾车熟手）作为工作坊的被试。本次工作坊通过公开招募的方式发放报名信息，所有报名的被试需填写驾驶经验调查问卷，目的在于区分新手司机和经验较为丰富的司机。

工作坊报名问卷（见附录2）中共有6道题目，第一题是年龄；第二题是性别；第三题是是否有驾照；第四题是驾龄；第五题是开车的频率；第六题是根据自身驾车经验，选择符合自身特点的选项。其中，第五题“开车的频率”共有5个选项，“A”代表“每天都开”（记5分），“B”代表

“经常开”（记4分），“C”代表“偶尔开”（记3分），“D”代表“不怎么开”（记2分），“E”代表“不开”（记1分）。第六题“根据自身驾车经验，选择符合自身特点的选项”为多选题，我们设置了9个选项，分别属于新手司机或具有丰富经验司机的特点，不同的选项代表不同的分数。其中代表新手司机类别的选项有：“看到交警我就会手忙脚乱，非常紧张”“我总是忘记打转向灯，还容易开错路”“一到会车的时候我就非常紧张，害怕撞上”“如果在开车的时候旁边坐了个经验十分丰富的司机，我会非常紧张，害怕被责骂”“我不敢上高速”，这些情况均计0分。其中代表经验丰富司机类别的选项有：“我觉得自己的开车技术还是挺不错的”“在熟悉的路段我开得很快，在不熟悉的路段会开得比较慢，比较小心”“基本上所有道路我都能轻松驾驭”“我会开车去自驾游”，这些情况均计1分。在数据统计和分析阶段，我们会将第五题和第六题得分相加，分数高于4分的被试为经验较为丰富的司机类别，分数低于4分的则为新手司机类别。

经过统计，共有32名被试填写问卷。其中，剔除1名没有驾照的被试的数据，以及1名第五题和第六题分数相加总分低于4分被试的数据，剩下30名被试分数均高于4分，属于经验丰富的司机类别，平均分为5.8分，平均驾龄为6.1年，男性被试有12名，女性被试有18名。被试基本情况见表6-1。本研究将邀请这30名被试参与工作坊。

表6-1 工作坊被试基本情况表

| 变量 | 类别 | 人数 | 百分比（%） |
|---|---|---|---|
| 性别 | 男 | 12 | 40 |
| | 女 | 18 | 60 |
| 总数 | | 30 | 100 |

（3）工作坊流程

30名被试被分为3组，每组10名被试。工作坊的内容共有四个环节（如图6-1所示），分别是制作人物画像，针对糟糕出行经历开展头脑风暴，制作C-BOX，制作出行旅程图。工作坊的活动会被全程录音与录像。工作坊过程见图6-2。

①制作人物画像

人物画像是基于对用户特征的深刻理解而概括出来的包括典型用户特征的人物形象。本研究中人物画像部分设置的目的在于唤起被试自身的驾车经验，并让他们总结自身特征，帮助他们将自己的角色带入相应的目标

| 主题 | 时间 | 内容 | 目标 |
| --- | --- | --- | --- |
| 背景介绍 | 30分钟<br>9:00–9:30 | 1.介绍工作坊的项目背景以及意义和价值。<br>2.介绍工作坊的大致流程及所需要的时间。 | 使参与工作坊的被试了解工作坊的目的及意义，以便更好地收集数据。 |
| 人物画像 | 15分钟<br>9:30–9:45 | 根据给出的人物标签制作人物画像：<br>1.被试回忆开车出行的经历，并在黄色的便利贴上写下自身的特征。<br>2.讨论并总结出关于驾车熟手的典型特征，写在粉色便利贴上，然后贴在人物画像上。 | 1.唤起被试自身的驾车经验及自身特征。帮助被试将自己代入相应的目标用户群体中。<br>2.帮助被试在工作坊中不迷失自己的方向。 |
| 演讲 | 20分钟<br>9:50–10:10 | 各组向主持人介绍各自组讨论出的人物画像。（每组 3 分钟的介绍时间） | 了解被试制作的人物画像背后的原因。 |
| 头脑风暴 | 20分钟<br>10:10–10:30 | 根据被试自身的出行经历，头脑风暴在出行中遇到的糟糕经历。 | 收集驾车熟手在出行中遇到的糟糕经历，并将其运用到出行旅程图的制作环节中，使旅程图的痛点更加丰富。 |
| C–BOX | 20分钟<br>10:30–10:50 | 按照“情境出现的频率”及“该情境造成的后果严重程度”两个维度，对糟糕经历进行整理，并在每个阶段中选出出现频率最高的和造成后果最严重的经历。 | 将头脑风暴环节中总结出来的糟糕出行经历进行分类和整理，并将其运用到出行旅程图的制作中。 |
| 演讲 | 20分钟<br>10:50–11:10 | 每组介绍各自组的糟糕出行经历以及挑选出的糟糕出行经历有哪些。 | 了解这些糟糕出行经历背后的原因。 |
| 出行旅程图 | 30分钟<br>11:10–11:40 | 1.将上一阶段中筛选出来的糟糕出行情绪写在相应的阶段中，帮助丰富旅程。<br>2.讨论并设计一个出行旅程，包括开车前、开车中以及开车后三个阶段。<br>3.把旅程中的痛点写在便利贴上，然后将便利贴贴在相应的阶段上。 | 让被试回忆具体的驾驶经历，以小组讨论的方式将出行旅程中的行为用可视化的形式表达出来，帮助被试更好地找到出行中的痛点与需求。 |
| 演讲 | 30分钟<br>11:40–12:10 | 每组介绍各自组的出行旅程图以及痛点。 | 帮助更好地了解出行行为背后的原因，以及痛点出现的原因。 |

图6-1 工作坊流程图

图6-2 工作坊过程

用户群体中，并且帮助被试在工作坊中不迷失自己的方向。每组被试需根据给定的人物画像模板，共同讨论并补充“典型特征”部分的内容。人物画像的模板包括三个部分：第一，用户群体代名词——驾车熟手。第二，典型经历：“只要不限号，我都会开车上下班。有时候会开车带家人出去玩。我觉得我开车技术还是挺不错的，我在熟悉的地方开车速度还挺快，我喜欢那种推背感，但是在不熟悉的地方，我就得注意点了，比如在车多的地方变道就会很小心。”第三，典型特征。

制作人物画像的步骤如下（如图6-3所示）：

第一，被试回忆开车出行的经历，并在黄色的便利贴上写下自身的特征，在每张便利贴上写一个特征，时间为5分钟。

第二，讨论并总结出关于驾车熟手的典型特征，写在粉色便利贴上，然后贴在人物画像上。时间为5分钟。

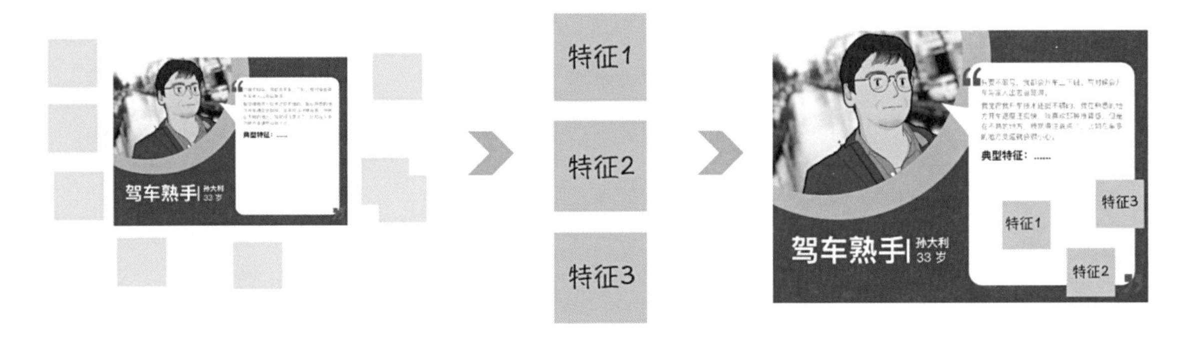


图6-3 制作人物画像步骤

第三，各组向主持人介绍各自组讨论出的人物画像。时间为每组3分钟。

②针对糟糕出行经历开展头脑风暴

本环节的目的在于收集驾车熟手在出行中遇到的糟糕出行经历，并将其运用到出行旅程图的制作环节中，使旅程图的痛点更加丰富。

收集糟糕出行经历的步骤如下（如图6-4所示）：

第一，被试需要回忆自己在驾车出行过程中的糟糕经历，包括三个阶段的经历，分别是开车前、开车中和开车后（到达停车点后）。时间为2分钟。

第二，将“开车前”的糟糕经历写在便利贴上，贴在“开车前”的位置。时间为5分钟。

第三，将“开车中”的糟糕经历写在便利贴上，贴在“开车中”的位置。时间为8分钟。

第四，将“开车后”的糟糕经历写在便利贴上，贴在“开车后”的位置。时间为5分钟。

③制作C-BOX

本环节的目的是将头脑风暴环节中总结出来的糟糕出行经历进行分类和整理，并将其运用到出行旅程图的制作中。所运用的方法是C-BOX分类整理法（如图6-5所示）。本研究中在C-BOX环节设置的两个维度是“情境出现的频率”以及“该情境造成的后果严重程度”。

运用C-BOX整理糟糕出行经历的步骤如下（如图6-6所示）：

第一，按照“情境出现的频率”以及“该情境造成的后果严重程度”两个维度，对“开车前”的糟糕经历进行整理。时间为3分钟。

第二，按照“情境出现的频率”以及“该情境造成的后果严重程度”两个维度，对“开车中”的糟糕经历进行整理。时间为3分钟。

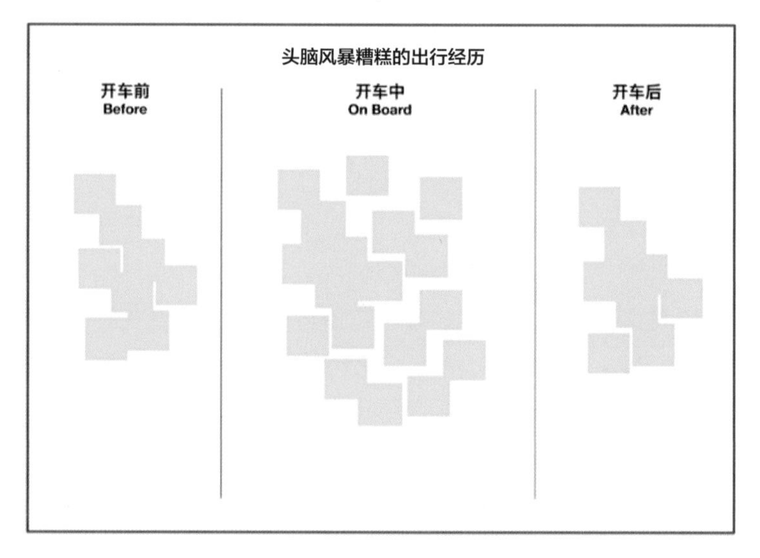


图6-4 收集糟糕出行经历的步骤

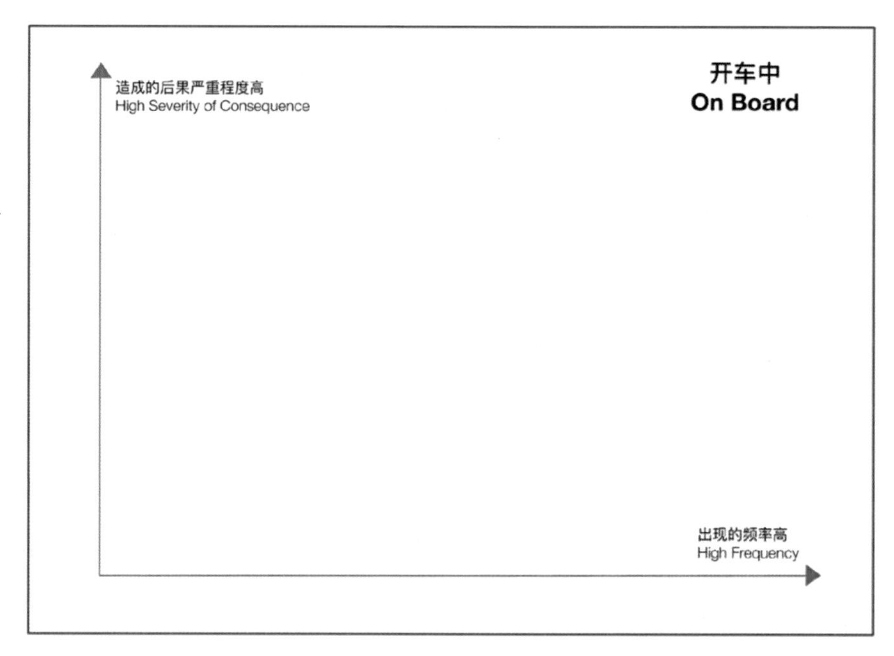


图6-5 C-BOX模板

第三，按照“情境出现的频率”以及“该情境造成的后果严重程度”两个维度，对“开车后”的糟糕经历进行整理。时间为3分钟。

第四，在每个阶段中选出出现频率最高的和造成后果最严重的经历，拿贴纸贴上，作为下阶段制作旅程图的材料。时间为1分钟。

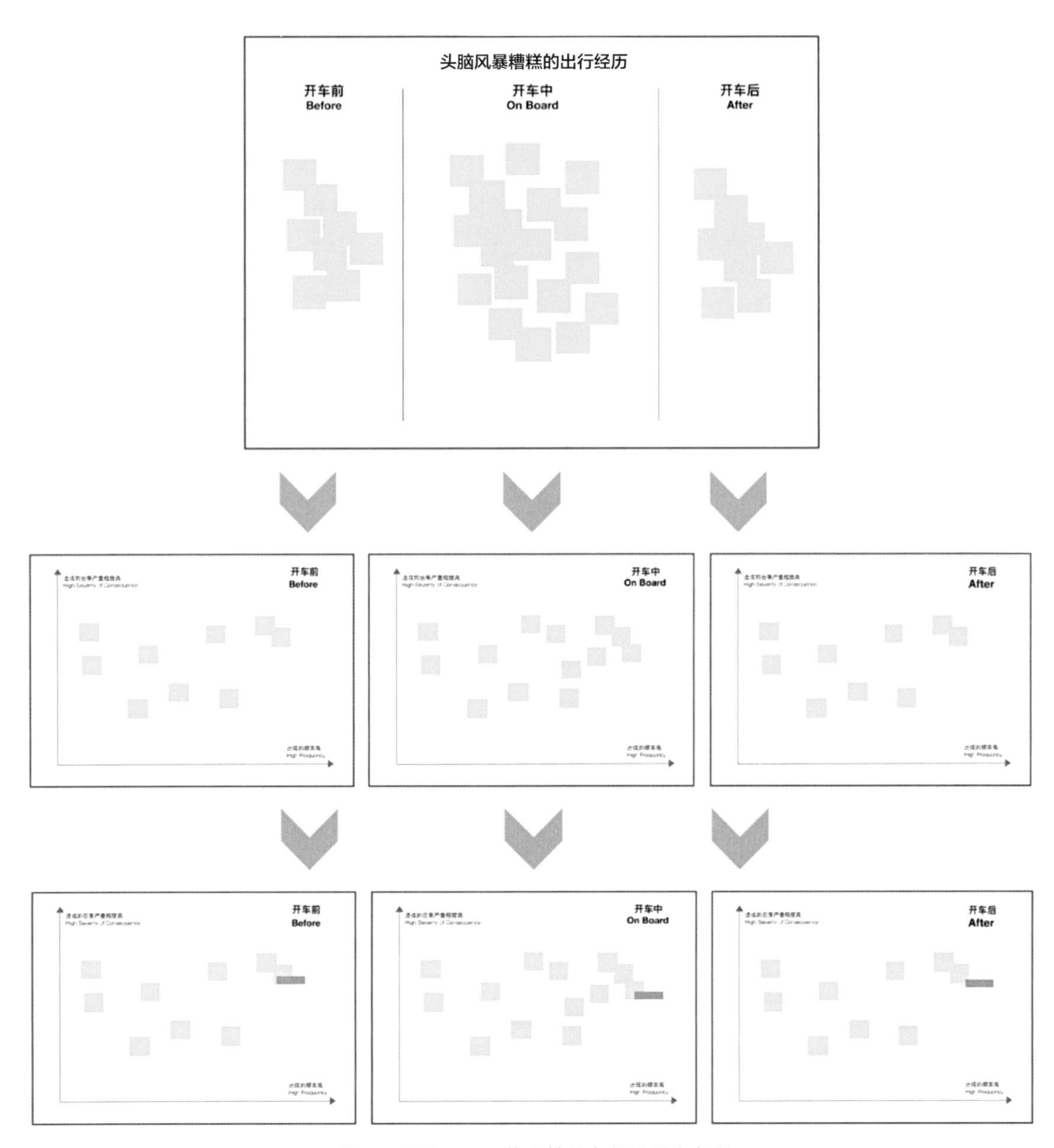


图6-6 运用C-BOX整理糟糕出行经历的步骤

④制作出行旅程图

旅程图是一种以视觉化的方式，呈现用户为达成某一目标所历经过程的工具。本环节的目的是通过让被试回忆具体的驾驶经历，以小组讨论的方式将出行旅程中的行为用可视化的形式表达出来，帮助被试更好地找到出行过程中的痛点与需求。

旅程图主要包括三部分内容：第一，糟糕的出行情境。第二，旅程。第三，痛点（如图6-7所示）。

出行旅程

| 开车前 Before | 开车中 On Board | 开车后 After |
| --- | --- | --- |
| 糟糕的出行情境1 | 糟糕的出行情境2 | 糟糕的出行情境3 |

旅程

痛点

图6-7 旅程图模板

制作旅程图的步骤如下（如图6-8所示）：

第一，填写糟糕出行情境。设计旅程之前，被试将上一阶段中筛选出来的糟糕出行情境写在相应的阶段中，帮助丰富旅程。时间为3分钟。

第二，制作旅程。被试讨论并设计一个出行旅程。旅程需要包括三个阶段：开车前、开车中和开车后（到达停车点后）。时间为15分钟。

第三，收集痛点。完成旅程之后，被试把旅程中的痛点写在便利贴上，然后将便利贴贴在相应的阶段上。时间为15分钟。

第四，被试向主持人介绍旅程图的内容。每组时间为10分钟。

（4）研究结果与分析

当工作坊的所有数据收集完毕之后（包括工作坊的文字材料、照片、录像、录音），我们开始进行分析与整理。

在关于被试的典型特征中，“喜欢自驾游”、“在陌生的地方喜欢用导航查路线”和“在熟悉的地方喜欢用导航查看路况”被提到的次数均为3次，即三个组都提到了“喜欢自驾游”、“在陌生的地方喜欢用导航查路

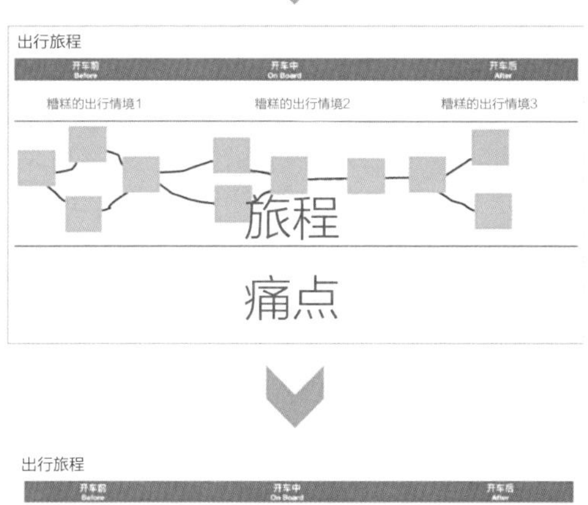


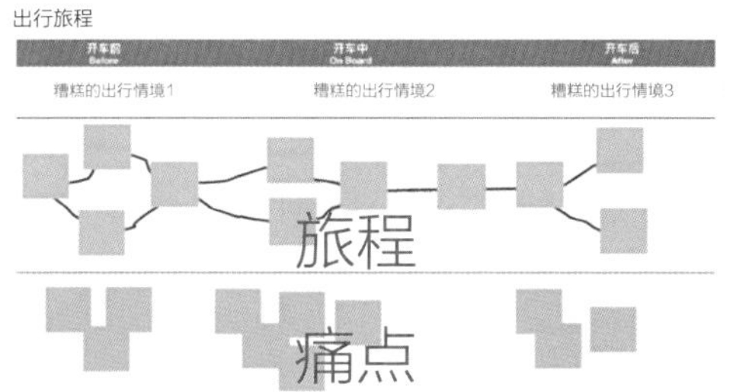


图6-8 制作旅程图的步骤

线”和“在熟悉的地方喜欢用导航查看路况”。“追求刺激”、“追求平稳的体验”、“注重安全”、“驾驶时喜欢听音乐”和“讨厌遇到堵车情况”被提到的次数均为2次，即三个组中有两组提到了这些特征（如表6-2所示）。

表6-2 被试自身典型特征数据统计表

| 提到的典型特征 | 提到的次数 |
| --- | --- |
| 喜欢自驾游 | 3 |
| 在陌生的地方喜欢用导航查路线 | 3 |
| 在熟悉的地方喜欢用导航查看路况 | 3 |
| 追求刺激 | 2 |
| 追求平稳的体验 | 2 |
| 注重安全 | 2 |
| 驾驶时喜欢听音乐 | 2 |
| 讨厌遇到堵车情况 | 2 |

司机痛点数据统计表见表6-3。痛点包括“导航问题”、“驾驶时视线受阻，看不见前方路况”、“长时间驾驶易疲劳”、“车内温度调适不便”、“堵车”和“忘记关车内设备”，等等。其中，“导航问题”与“驾驶时视线受阻，看不见前方路况”是被试提到次数最多的痛点，共提到12次。“导航问题”中包括“导航信息不明确”（提到5次），“边看导航边开车，影响注意力”（提到3次），“导航信息不准确”（提到2次），“导航提示不及时”（提到2次）。“驾驶时视线受阻，看不见前方路况”中包括“雨雪大看不到前方的路”（提到4次），“被远光灯照着看不清路”（提到2次），“弯路时，看不到前面的路”（提到2次），“车内产生雾气，影响视线”（提到2次），“高速公路上，挡风玻璃被意外物体遮挡，看不见前方的路，但无法紧急停车”（提到2次）。

表6-3 司机痛点数据统计表

| 痛点 | 提到次数（总） | 细节 | 提到次数（次） |
|---|---|---|---|
| 导航问题 | 12 | 导航信息不明确<br>边看导航边开车，影响注意力<br>导航信息不准确<br>导航提示不及时 | 5<br>3<br>2<br>2 |
| 驾驶时视线受阻，看不见前方路况 | 12 | 雨雪大看不到前方的路<br>被远光灯照着看不清路<br>弯路时，看不到前面的路<br>车内产生雾气，影响视线<br>高速公路上，挡风玻璃被意外物体遮挡，看不见前方的路，但无法紧急停车 | 4<br>2<br>2<br>2<br>2 |
| 长时间驾驶易疲劳 | 8 | 长时间驾驶导致疲劳 | 8 |
| 车内温度调适不便 | 8 | 太热不容易降温<br>太冷不容易升温 | 4<br>4 |
| 堵车 | 7 | 堵车很麻烦 | 7 |
| 忘记关车内设备 | 7 | 忘记关车内设备 | 7 |
| 忘记拿东西 | 6 | 上车前忘记带东西<br>下车后忘记拿车内的东西 | 3<br>3 |
| 突然有行人出现 | 6 | 突然有行人出现 | 6 |
| 找不到加油站 | 6 | 找不到加油站 | 6 |
| 停车问题 | 5 | 停车场找不到自己的车<br>找不到停车位 | 3<br>2 |
| 事故处理流程烦琐 | 5 | 处理事故的流程烦琐 | 5 |
| 情绪问题 | 4 | 堵车，心情很烦 | 4 |
| 旁车突然变道 | 3 | 旁车突然变道 | 3 |
| 其他司机不遵守交通规则 | 3 | 其他司机不遵守交通规则，影响驾驶 | 3 |
| 外地出行，不熟悉交通规则 | 2 | 外地出行，不熟悉交通规则 | 2 |
| 开车时用手机不方便 | 2 | 开车时用手机不方便，也不安全 | 2 |
| 路标不清晰 | 2 | 路标很快就过去了，看不见<br>路标信息不明 | 1<br>1 |
| 跟车问题 | 2 | 车与车之间联系困难<br>车与车之间信息传达不准确 | 1<br>1 |

（5）讨论

经过对工作坊数据的统计我们发现，经验丰富的司机的典型表现为车技较为娴熟，在驾车时不仅追求驾驶的平稳感，还关注驾驶带来的刺激感。自驾游是他们的爱好之一，他们也喜欢在驾车时听音乐。对于经验丰富的司机来说，导航在熟悉和陌生路线上的作用是不同的。在熟悉的路线上，他们使用导航主要是为了查询路况，尽量避开堵车路段。在陌生的路线上，他们使用导航主要是为了查询路线，寻找到达目的地的最优路线并避免违反交通规则。

本研究的用户群体是具有较为丰富驾车经验的司机。结合工作坊数据及大众汽车集团的需求，我们将该用户群体的特征转化为用户画像，帮助我们沉浸在经验丰富的司机这个目标用户的角色中，摆脱自己已有的思维模式，以用户为中心，从用户的视角出发思考问题，找出更符合该目标用户群体的设计方案。

本研究目标用户群体的人物画像如图6-9所示。

对于经验丰富的司机来说，“导航问题”和“驾驶时视线受阻，看不见前方路况”是最主要的痛点。导航问题的主要表现是导航信息不明确，司机无法同时看导航和开车，导航信息不准确，导航提示不及时，而发生

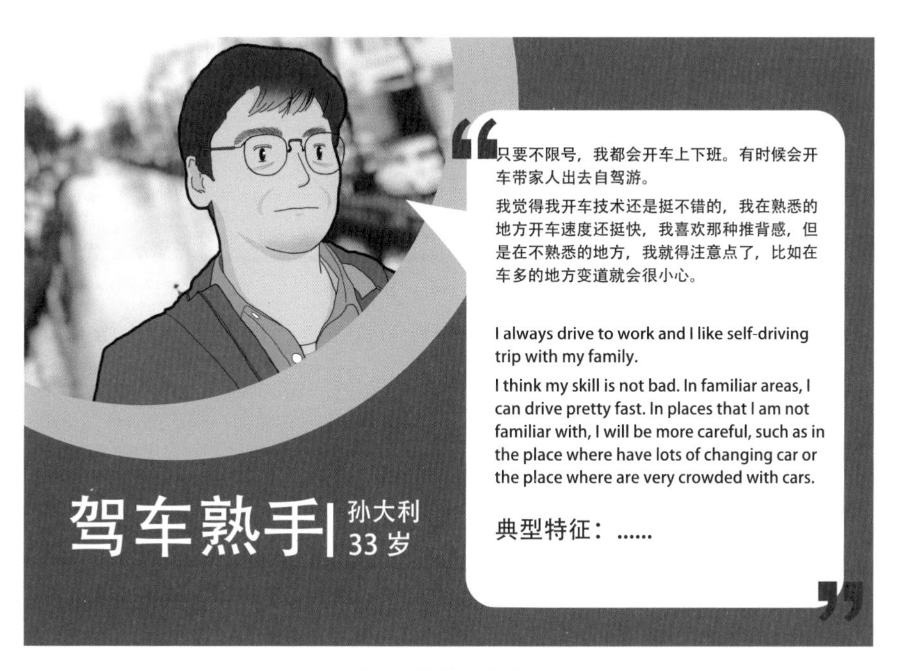


图6-9 新手还是熟手

“驾驶时视线受阻，看不见前方路况”主要是由天气原因或意外物体及光线阻挡司机视线导致的。

我们根据工作坊的数据以及人物画像的信息，整理出用户出行旅程图（如图6-10所示），目的在于帮助我们清晰地看到用户是如何通过一系列行为到达某个地点的，了解痛点出现的情境，并且针对一定的情境设计解决方案。该旅程图描述了经验较为丰富的司机从家里出发去国内城市自驾游的过程，并描述了不同阶段的不同痛点。该旅程图主要分为六个阶段，分别是准备阶段、开车前、开车中、接近目的地、停车、到达最终目的地。我们结合工作坊所获得的数据以及大众集团的需求对痛点的

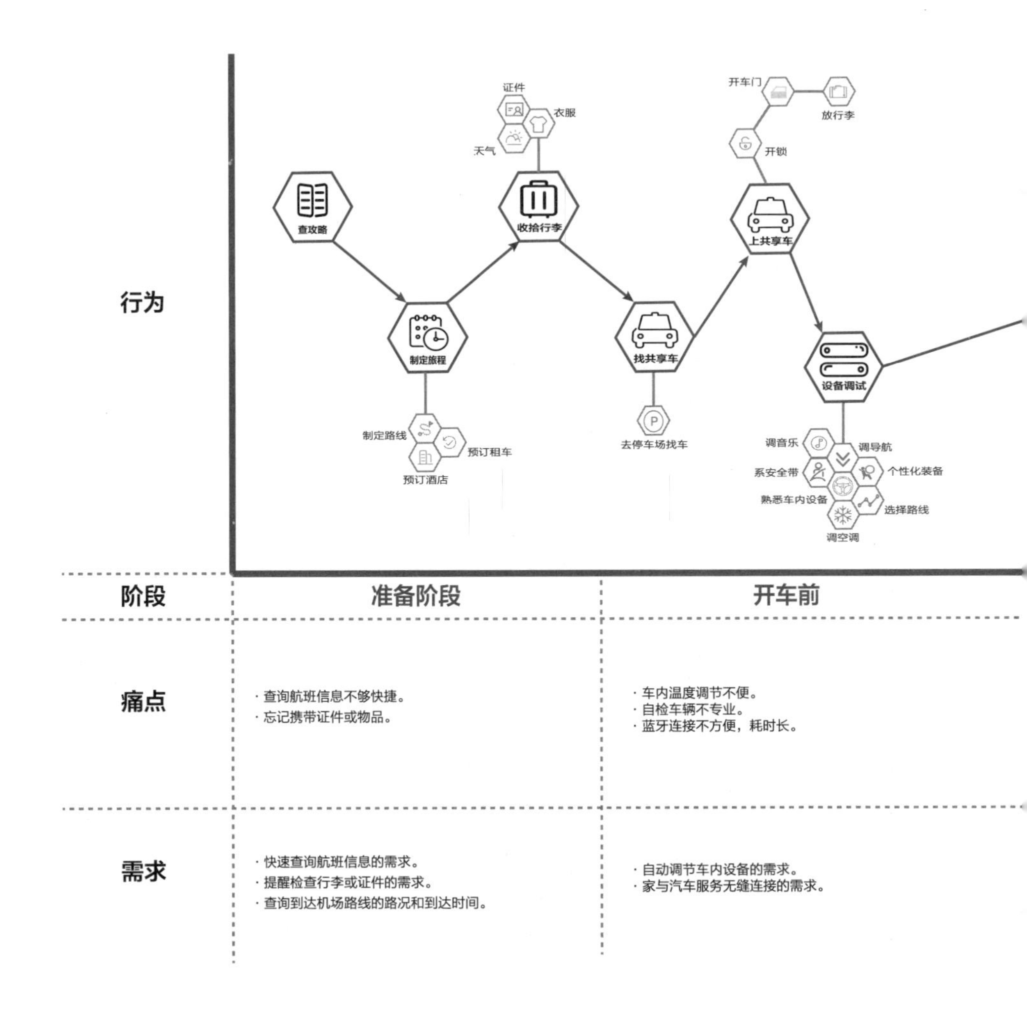


图6-10 用户出行旅程图

选择进行了深入讨论，决定将司机的痛点聚焦于“导航问题”和“驾驶时视线受阻，看不见前方路况”上，并针对这两个痛点进行方案设计。

## 2．深度访谈

本阶段我们采用一对一深度访谈法，挖掘“导航问题”和“驾驶时视线受阻，看不见前方路况”两个痛点背后的原因，以便我们更好地针对本质原因进行设计，并且帮助我们更好地从盲人的研究结果中发现设计的机会点。

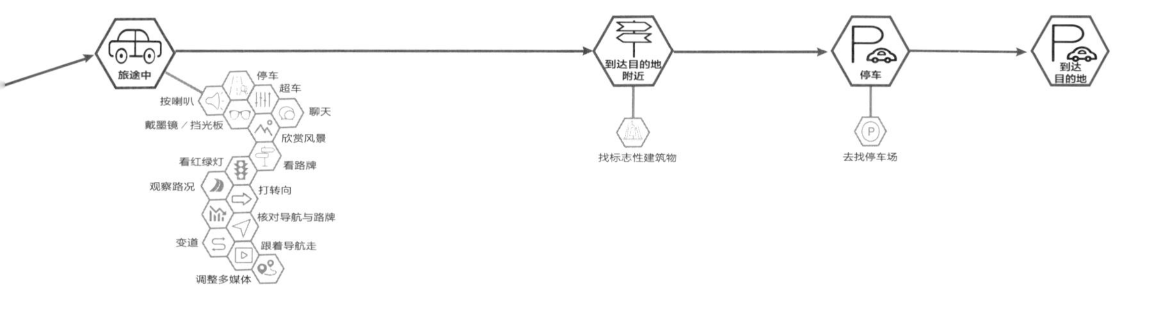


| 开车中 | | 接近目的地 | 停车 | 到达最终目的地 |
|---|---|---|---|---|
| · 导航信息提示不及时，错过路口。<br>· 看导航没注意路，容易发生交通事故。<br>· 司机无法转移视线操控屏幕。<br>· 山路上不能看见对面来车。<br>· 长时间开车导致疲劳。 | · 暴风雨情境下看不清楚前面的路。<br>· 堵车情境下心情烦躁。<br>· 不熟悉国外交通规则与标志。<br>· 处理交通事故的程序复杂。<br>· 不清晰不及时的导航信息导致开错路。<br>· 若多车自驾游，车车之间的沟通麻烦。 | · 接近目的地时导航不够准确，找不到目的地。 | · 找不到合适的停车位。<br>· 忘记关窗、车灯。 | · 停车场距离最终目的地有一段距离，需要步行，有时候找不到最终目的地。 |
| · 合适的导航信息提醒方式。<br>· 需要合适的时机提供合适的导航信息。<br>· 需要快速熟悉国外或不熟悉道路的标志或交通规则。<br>· 堵车时希望有能够缓解心情压力的方式。<br>· 需要快速处理交通事故。 | · 需要沿路合适的景点推荐。<br>· 希望能够智能记录当下的美好回忆。<br>· 开车中不断确认导航显示的路线与现实路线是否一致。<br>· 需要在特殊天气情况以及特殊路况下能够看清楚前面的路线。 | · 需要在距离目的地500米的时候准确找到目的地。 | · 快速找到合适的停车位。<br>· 智能关闭设备。 | · 停车场与最终目的地需要实现无缝连接。 |

（1）目的

由于工作坊中的数据有限，因此我们无法得到痛点背后的具体原因。我们结合大众汽车集团的企业需求，挖掘“导航问题”和“驾驶时视线受阻，看不见前方路况”这两个痛点背后的原因，以便我们将盲人的感知能力特点转化为设计，更好地解决痛点。

（2）被试

在一对一深度访谈中我们共访谈被试15人，男性被试有6人，女性被试有9人，平均年龄为28.9岁，平均驾龄为4.8年。访谈被试基本情况见表6-4。在访谈前，主试向被试介绍访谈的基本情况，被试同意后进行访谈。

表6-4　访谈被试基本情况分布表

| 变量 | 类别 | 人数 | 百分比（%） |
|---|---|---|---|
| 性别 | 男 | 6 | 40 |
| | 女 | 9 | 60 |
| 总数 | | 15 | 100 |

（3）访谈大纲

访谈大纲（如表6-5所示）内容主要分为两部分，第一部分是关于导航的痛点，包括以下几点。

第一，导航信息不明确的表现及原因。

第二，边看导航边开车会影响注意力的原因及后果。

第三，导航信息不准确的表现及原因。

第四，导航信息提示不及时的表现及原因。

第二部分是关于驾车时视线被阻挡的痛点，主要想了解驾车中视线被阻挡时，司机希望得到的信息。

表6-5 访谈大纲

| 一级问题 | 二级问题 | 目的 |
|---|---|---|
| 使用导航的时候有什么痛点？ | 导航信息不明确的表现和原因是什么？<br>边看导航边开车会影响注意力的后果以及造成该现象的原因是什么？<br>导航信息不准确的表现和原因是什么？<br>导航信息提示不及时的表现和原因是什么？ | 了解使用导航的痛点，以及导航信息不明确、边看导航边开车会影响注意力、导航信息不准确、导航信息提示不及时这些痛点背后的原因。 |
| 驾车时，遇到过视线被阻挡的情境吗？ | 驾车中视线被阻挡时，希望得到的信息有哪些？ | 了解驾车中视线被阻挡时司机所需要的关键信息。 |

（4）访谈过程

该访谈过程与前期对盲人的一对一访谈过程相似，主要包括以下几个步骤。

第一，主试向被试介绍项目的背景，以及访谈的目的及意义，与被试签署访谈知情同意书。

第二，主试按照访谈大纲对被试进行提问，被试针对主试的问题给予反馈和回答，主试记录被试的回答，并针对被试的回答进行追问，不断探索被试行为背后的潜在原因、情感以及态度。

在征得被试同意后，访谈的全程被录音。在访谈过程中，主试要充分尊重被试的个人意愿，不强迫被试回答问题。主试要恰当地使用倾听和澄清技术，与被试共同挖掘潜在信息。访谈过程见图6-11。

图6-11 访谈过程

（5）访谈结果与分析

当所有的访谈数据（包括录音文本、现场记录和可视素材）收集完毕之后，我们开始进行定性分析。首先，将所有的录音逐字进行转录，然后阅读转录文件并标记出相关内容，作为一级编码。其次，在整理的资料中发现属性和类别，以及有效信息之间的相关性，作为二级编码。最后，选出核心的关键类别进行分析。

（6）讨论

通过对访谈数据的整理和分析，我们总结出“导航问题”和“驾驶时视线受阻，看不见前方路况”两个痛点背后的原因。

“导航信息不明确”主要会出现在两种情境中：一是当前方路况较为复杂时；二是当前方路口较相似，容易发生混淆时。由于导航界面信息与现实道路的匹配程度较低，司机需要花费一定的认知资源与时间将导航提供的路线信息转化为现实道路信息，然后再做出判断。大多数被试表示，有时候在做出判断后，已经错过需要转弯的路口。他们解决该痛点的方式是反复向副驾驶确认导航信息与前方路线是否匹配，以提高判断及决策的速度。

“边看导航边开车会影响注意力”的原因主要是司机在开车时需要将注意力放在前方，但通常来说，导航会被放置在方向盘的左右两侧，若司机需要查看导航信息，则需要将原本注视前方的视线转移至导航上。这样做容易产生的后果主要有违反交通规则（如误闯红灯），错过需要转弯的路口，发生车祸或事故等。

“导航信息不准确”主要表现为快接近目的地时，导航无法显示指引至具体目的地，司机无法判断是否已经到达目的地。

“导航信息提示不及时”的主要原因是：第一，导航往往在距离需转弯的路口较近时进行提醒，司机来不及并线。第二，前方需转弯的路口较为相似，导航信息提示较慢，司机无法快速做出判断。

关于“驾驶时视线受阻，看不见前方路况”的痛点，被试表示，若视线被阻挡，希望得到的信息主要有三个，一是车辆需要转弯的方向及角度，二是前方车辆的位置，三是与前车之间的距离，从而提升司机驾驶的准确性。

## 3. 小结

我们通过工作坊收集司机用户群体的典型特征，并总结司机用户群体在出行过程中的痛点和需求，得出关于司机用户群体的人物画像以及出行旅程图，最后将痛点聚焦在“导航问题”以及“驾驶时视线受阻，看不见前方路况”上，通过运用深度访谈法，挖掘这两个问题背后的潜在原因，为下阶段进行用户体验概念设计奠定基础。

# 案例二　古点空间服务体验优化

本节将以古点空间服务体验优化项目为例，介绍在服务设计中进行用户研究的过程。本案例主要展示的是在用户体验研究阶段所使用的方法以及流程。

本项目是北京师范大学心理学部用户体验研究中心与歌尔旗下北京古点咖啡有限公司之间的校企合作落地项目。古点空间是一家将精品咖啡、设计美学、智能科技相结合的概念空间体验馆，占地600平方米，在咖啡店的设计之初就融入了环保与科技元素，提倡新型的咖啡店体验，并且非常重视用户体验与反馈。在人们更加重视服务品质，渴望提高生活品质、改善生活方式的大背景下，古点空间希望提升店内的服务品质，以及顾客在店内的体验品质。

接到甲方，也就是古点公司的委托后，北京师范大学心理学部用户体验研究中心组建了一支由4名用户体验研究员组成的团队，并对甲方的问题和需求进行了分析。项目的最终目标是对店内点单和垃圾回收的过程进行优化。为了达到这个目标，用户体验研究员首先利用手段—目的分析法将其分解为五个问题。

第一，店内用户旅程现状如何?

第二，顾客与咖啡师有怎样的痛点?

第三，店内顾客的组成、特点和行为习惯、对古点的态度是怎样的?

第四，顾客这些特点和行为习惯背后的心理需求和动机是什么?

第五，针对店内顾客的心理需求和动机的设计准则有哪些?

解决以上五个问题，需要用到不同的研究方法。由此，用户体验研究员制订了项目计划和工作流程（如图6-12所示）。

## 问题一和问题二　店内用户旅程现状如何?顾客与咖啡师有怎样的痛点?

为了了解店内的用户旅程现状，用户体验研究员首先要对这家咖啡店

问题一 问题二 问题三 问题四 问题五

| 桌面调研 | 实地调研 | 专家访谈 | 问卷调查 | 访谈 | 聚类分析 |
| --- | --- | --- | --- | --- | --- |
| 发现现状<br>发展趋势 | 研究行为<br>挖掘现象<br>了解痛点 | 行业了解<br>获取信息<br>深入理解 | 定量分析<br>特征 认知 态度 | 收集观点<br>挖掘需求<br>洞察动机 | 数据可视化 |
| 国内外文献调研<br>网络资源 | 店内行为观察<br>定量数据收集 | 设计师访谈<br>咖啡师访谈<br>店长访谈<br>管理者访谈<br>用户旅程图 | 拼贴画<br>线上问卷<br>店内问卷<br>统计 对比 | 焦点小组<br>用户访谈<br>翻录 | 亲和图分析<br>结果聚类<br>设计准则 |

2017.04 2017.05 2017.06 2017.07 2017.08 2017.09

图6-12 项目工作流程

的目标用户群、风格定位、商品情况、所传达的理念等进行整体了解。这就需要用户体验研究员收集大量第一手的数据与信息，并在这些数据和信息中发现痛点。

古点空间虽然是一家咖啡店，但和人们印象中的咖啡店大不一样——在最开始的桌面调研中用户体验研究员们便发现了这一点——宽敞明亮的店铺、北欧极简风格的装潢和家具、充满科技感的智能水龙头、冰激凌机器人以及一整面3D打印机墙。有趣的是，古点公司的官网上几乎没有关于古点的介绍，古点公司微信平台上也只是在推出新品或有活动时才会推送一两篇文章。有关店铺的介绍，用户都是从社会媒体、点评平台上获得的。这让人大为好奇：不主动宣传自己的商家在想什么？带着这个问题，用户体验研究员前往地处北京航空航天大学高科技园区之内的古点空间一探究竟。

通过在店内长达两周的体验和探索，用户体验研究员发现，古点空间里处处透着极简风和科技感。极简风不仅表现在装潢上，还表现在菜品及菜单设计上，如咖啡只有黑咖啡和白咖啡两种选择，而科技感体现在店内使用的一些智能产品上，如智能水龙头、冰激凌机器人，以及国内罕见的NEST智能恒温器、3D打印机墙等。在探索和体验的同时，用户体验研究员还记录了顾客在店内的用户旅程、旅程中的痛点以及用户的情绪变化，并绘制了第一版用户旅程图（如图6-13所示）。

图6-13 用户旅程图绘制过程示例

然而，只有这些定性的观察是不够的，还要有定量的数据作为支撑。为此，用户体验研究员在店内使用自然观察法进行了为期三天、共计超过20小时的用户行为观察，以深入探索点单过程。

用户体验研究员首先定义了两个变量——点单人数和时段，然后把每个变量分为两个水平，并对每个水平进行了详细定义。接下来，将顾客点单过程分为5个阶段和6个时间节点，并对每个时间节点下了操作性定义（如图6-14所示）。观察任务是分别记录高峰单人、低峰单人、高峰多人、低峰多人点单时在每个阶段所需的时间。在对132组、194个被试进行观察后，用户体验研究员收集到了660个有效数据，并据此绘制了顾客点单流程时间线（如图6-15所示）。

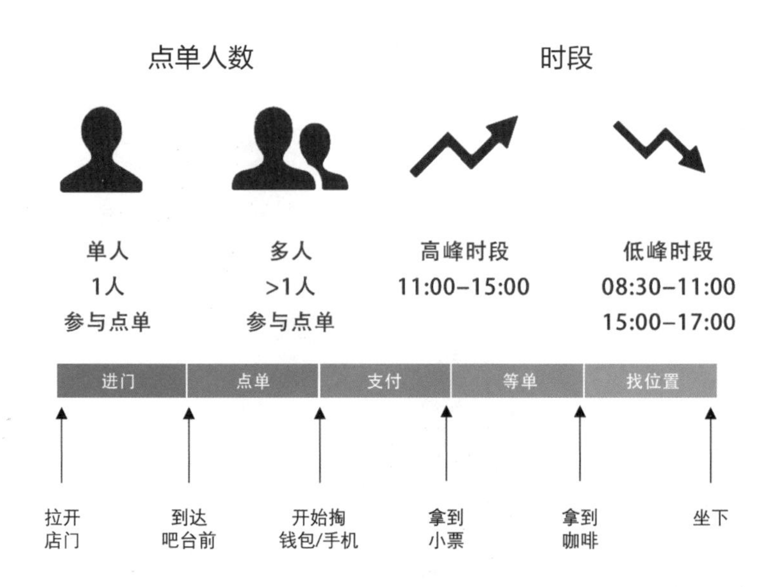


图6-14 变量及流程定义

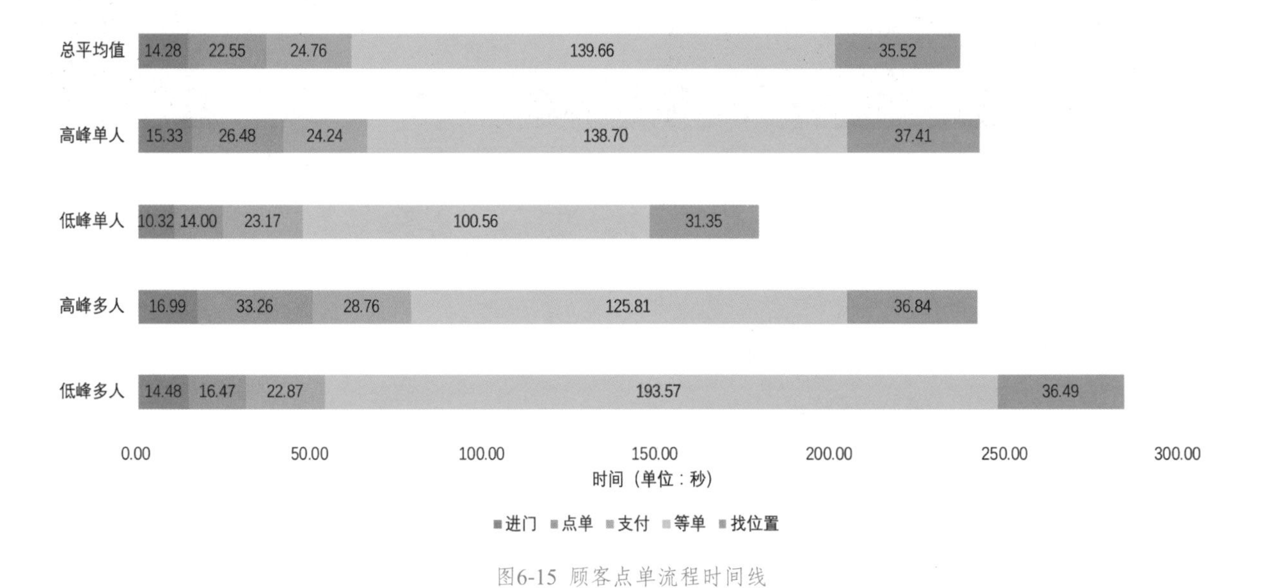


图6-15 顾客点单流程时间线

## 问题三　店内顾客的组成、特点和行为习惯、对古点的态度是怎样的？

解答这个问题可以帮助用户体验研究员对用户，也就是店内的顾客有个整体的了解。熟悉店内顾客的有两种人，一种是天天与顾客接触的咖啡师，另一种是顾客自己，因此用户体验研究员采用了专家访谈和问卷调查的方法来解答这个问题。

从一线咖啡师到公司管理人员，用户体验研究员邀请了4名不同岗位的员工进行了专家访谈。用户体验研究员从不同岗位的员工身上了解到包含用户在内的很多不同的信息（如表6-6所示）。

表6-6　从不同岗位的员工身上了解到的不同信息

| 角色 | 咖啡师 | 店长 | 设计师 | 管理人员 |
|---|---|---|---|---|
| 所需信息 | 入职条件<br>工作流程<br>消费流程<br>产品创新<br>状况应对<br>产品销量<br>职业规划 | 工作流程<br>产品销量<br>特色活动<br>顾客意见<br>之前工作 | 国内设计<br>LOGO设计<br>空间布局<br>色彩布局<br>布局特色<br>设计理念 | 盈利项目<br>陈列商品<br>战略目标<br>未来规划<br>店长职责<br>发展困难<br>本店特色 |

用户体验研究员对咖啡师和店长进行访谈的目的是迅速了解咖啡、咖啡行业、咖啡师工作等，让自身变得专业。用户体验研究员获得了大量关于古点空间各方面的信息，解答了先前工作中的一些疑问，同时也发现了店内顾客和咖啡师的大量痛点。

店内顾客多为致真大厦写字楼内的各公司员工，也有一些北京航空航天大学的学生和慕名而来“拔草”的顾客。工作日的高峰时段为11–15点。古点空间提倡平等、共享，并且没有服务生提供桌边服务，点单、取餐、续水等都需要顾客在吧台自主进行。因店铺空间较大，顾客需要付出一定时间成本前往吧台。在古点，店内工作人员只有一种角色——咖啡师。也就是说，一名咖啡师不仅承担着咖啡出品的工作，还承担着如解答顾客问题、清扫、回收杯子等工作。由于咖啡师较少，最多有6名咖啡师在同时工作，因此，在高峰时段，咖啡师均处于超负荷工作状态。

古点空间与其他咖啡店最大的不同点在于，它有自己的设计师。从空间规划到装潢，从场景布置到细节装扮，均由店内的设计师完成。因此，对设计师的访谈目的便在于了解店内设计理念、思路以及调性的传达。对于高管的访谈有助于用户体验研究员深入地了解古点公司的企业文化、理念和商业思路等。

在与店内设计师和高管长谈几小时后（如图6-16所示），用户体验研究员深刻体会到了古点空间想传递给人们的理念，并将其概括为六个词：精选、精简、精致、特别、环保、享受。因此，古点是一个有着精选的咖啡、精简的菜单和陈设、精致的环境，同时融合了咖啡、设计和科技的与众不同的空间。精选、精简、精致、特别、环保、享受是古点的代名词，古点更是在用整个空间里的一点一滴向顾客们传达着自身独特的理念。

图6-16 用户体验研究员在店内进行专家访谈

从顾客的角度了解顾客，方法就较为直接了，问卷便能用有力的数据解决这个问题。用户体验研究员面向古点空间顾客发放问卷，收集他们的人口学特征、点单行为倾向和态度，以及对科技的态度等信息，最终回收有效问卷121份。为了对比，用户体验研究员同时发放了330份线上问卷，以收集北京、上海、广州、深圳喜爱咖啡和咖啡店的人的特征、点单行为倾向和态度，以及对科技的态度。通过对451份问卷结果进行分析，用户体验研究员获得了许多发现，例如：

第一，古点空间目前顾客多为普通职员和企业管理者，且多为回头客。

普通职员和企业管理者占据了古点空间顾客的近58%，其余为专业人员、学生等，其中57%的顾客为回头客（来店次数大于2次）。他们来店的目的多是与朋友聊天、学习、办公和商务会谈等。

第二，古点空间顾客更能接受吧台式服务而非桌面式服务。

通过对比线上和线下问卷结果，用户体验研究员发现，店内顾客更愿意在吧台获取服务（点单等）而不是在座位上。但有趣的是，店内的“90后”顾客，相比“80后”顾客，更愿意在座位上点单。这便带来了许多新的机会点，如店内智能科技服务可以首先在“90后”年轻顾客中推广试用，潜移默化地使其养成习惯。

第三，古点空间顾客更能接受环保纸杯装的咖啡。

环保是古点空间传达的理念之一，除了玻璃杯以外，店内只提供完全可降解的环保纸杯作为咖啡杯。通过对比线上和线下问卷结果，用户体验研究员发现，店内顾客更能够接受环保纸杯装的咖啡。

问题一和问题二的解决，让用户体验研究员了解了古点空间，了解了店内顾客的特点及痛点。有了问题，用户体验研究员就需要开始寻找解决方案，但在解决方案提出之前，还要知道怎样的解决方案是符合古点空间特点的，是符合店内顾客真实需求的。这便要求用户体验研究员对店内顾客有更深层的了解，也就是解决问题三和问题四。

## 问题四　顾客这些特点和行为习惯背后的心理需求和动机是什么？

问卷调查收集到的定量数据只能帮助用户体验研究员了解顾客行为习惯是什么样的，但要想知道这些行为习惯背后的心理需求和动机，也就是“为什么”，还需要与顾客面对面地交流，即开展焦点小组和用户访谈。

由于问卷法形式上的限制，用户体验研究员只能简单地用它对用户习惯进行探索，而焦点小组更适合收集用户大致的观点、态度和习惯。用户体验研究员采用线上招募的形式，招募到19名被试，他们分别参与3场焦点小组（如图6-17所示）。用户体验研究员设置了9个与咖啡、咖啡店、科技和科技产品等相关的话题，最终获得近5小时的录音，38 620字的文字翻录稿，在对其进行提取、转录、归纳和整理后，得出了很多令人惊喜的发现。例如：

第一，顾客希望在咖啡店看到专业的咖啡器具和咖啡制作流程。

用户体验研究员发现，虽然有些顾客并不了解咖啡种类、制作过程

图6-17 在古点空间店内进行焦点小组

等，但他们非常乐意看到一家咖啡店摆放着很多“高大上”的咖啡机、咖啡器具，也非常愿意与咖啡师交流学习。

第二，顾客希望咖啡店在维持传统中能有所创新。

“我当时最喜欢喝的就是薄荷咖啡，是冰的，在外面喝不到，我到现在都没有在外面喝到过。”这是一位顾客的原话。那杯薄荷咖啡便是她数次前往古点空间的原因。除了有特色的咖啡之外，一家有特色的店铺也非常吸引顾客。

第三，顾客认为咖啡馆具有社交性。

顾客其实非常愿意与咖啡师进行交流，认为一杯咖啡里还包含着“咖啡师的情感”，到咖啡店来不仅仅是为了喝一杯咖啡，还要感受“咖啡店的感情，店长的感情……一种人性化的服务”。

焦点小组可以收集到大量的观点，为了挖掘观点背后的真实动机，一对一用户访谈是再合适不过的方法。从焦点小组被试中，用户体验研究员邀请了9名最具代表性的被试进行用户访谈。话题的设置花费了用户体验研究员大量的时间。想要获得顾客内心真实的想法而不是那些受期望效应、旁观者效应影响的结果，用户体验研究员需要设置非常精巧的提问。例如，想知道顾客为什么喜欢一家咖啡店，主试不能这样直白地发问，而应该间接地询问：“这家店哪里令你印象深刻?”经过对访谈录音的翻录、转录、分类和洞察，用户体验研究员明确了顾客行为背后的需求和动机。以上述三个发现为例。

第一，顾客想要自己的咖啡被精心对待。

“知道咖啡是怎么来的让人觉得专业。”这只是个表面现象。透过这个现象用户体验研究员发现，顾客实际上是想要知道自己喝到的咖啡是好的，是精心制作出来的。

图6-18 焦点小组、用户访谈成果

第二，顾客想要打破常规的生活状态。

在人们习惯了每天在相同风格的咖啡店里喝差不多的咖啡之后，一种新鲜刺激感就能激发人的兴趣。“对没尝试过的东西想去尝试探索”或者“想换一个新环境，思想更开阔”，顾客这样的想法预示着他们想要打破常规，体验不一样的东西。

第三，顾客想在咖啡店获得群体归属感。

“我喜欢在咖啡厅中扮演自己想成为的人。”在用户体验研究员一句句“为什么”中，这位顾客终于直面自己内心深处的想法，说出了这句话。归属感是一个人一生都在追求的东西。

## 问题五　针对店内顾客的心理需求和动机的设计准则有哪些?

用户体验研究员将上一问题中的洞察所得放置在象限图中，按可实现度和渴求度进行优先级排序（如图6-19所示）。可实现度高且用户渴求度高的，属于现阶段的优化方向；可实现度低但用户渴求度高的，则为未来的优化方向。经过与甲方反复探讨，用户体验研究员得出了以下设计准则。

第一，通过等餐时展示咖啡制作全过程让顾客感受到自己的咖啡是被精心对待的。

第二，通过环境功能类化让顾客获得群体归属感。

第三，通过在店消费频率和类目记录满足用户的虚荣心。

到此为止，古点空间服务体验优化项目的用户体验研究阶段便结束了。用户体验研究虽然先于设计，但并不意味着只能在探索、设计和开发阶段进行，它还涉及持续评估设计对用户的影响，对此用户体验研究员在后续的书中会继续阐述。

图6-19  利用C-BOX对洞察所得进行优先级排序

# 案例三　体感交互设计——飞利浦灯光交互

飞利浦是世界上最大的电子品牌之一，聚焦优质生活、医疗和照明设备。自1983年在荷兰成立以来，飞利浦照明一直走在创新的前沿，通过有意义的创新提高人们的生活品质。如今，飞利浦正在引领智能照明系统的未来，借助物联网正在改变家居、建筑和城市，为人们提供“光，超乎所见”的全新照明体验。为了达成这个目标，飞利浦照明不得不重新思考人和灯光的关系，提出新的体验策略来指导今后的设计。

## 1．可以摸的灯光

在过去，用双手直接触摸电光源是非常不明智的。因为白炽灯的大部分能量被转化为热能，所以当你换灯泡时如果不想被烫伤，那只得等灯泡冷却之后再进行操作。与白炽灯不同，LED（发光二极管）灯摸起来几乎是凉的，这便带来了新的机会——允许人们用双手直接触碰灯光进行交互（如图6-20所示）。此外，由于单颗LED体积小，它现在几乎可以被安装到任何地方。但就像过去人们端着蜡烛照明那样，人们能以某种方式将灯光和人再次“结合”到一起吗？

带着这个问题，用户体验设计师体验了“光体”。光体是一个通过声音和震动输入来研究空间和个人用灯关系的移动手持光源。20种不同颜色的半透明有机玻璃箱，每个里面装有一个白色LED灯、一个麦克风和一个震动选项卡（如图6-21所示）。按照人们与它交互的不同方式（如摇晃、敲击、排列、吹或对它唱歌），光体有三种不同的表现模式。

在黑暗条件下，光体和手持微投影这类个人灯光设备也可以被当作光源来产生引人注目的光影效果，可以用于表达具有丰富含义的交互。也有人探索了将LED嵌入衣服，或是用光纤维编织地毯，甚至衣服等类似的用法。

这是与接近身体的灯光进行交互。那如果是大范围的灯光呢？人们怎样与一栋大楼上甚至一座城市中的灯光进行交互呢？

图6-20 小孩子在用手触摸灯光（丹麦科灵的灯光节）

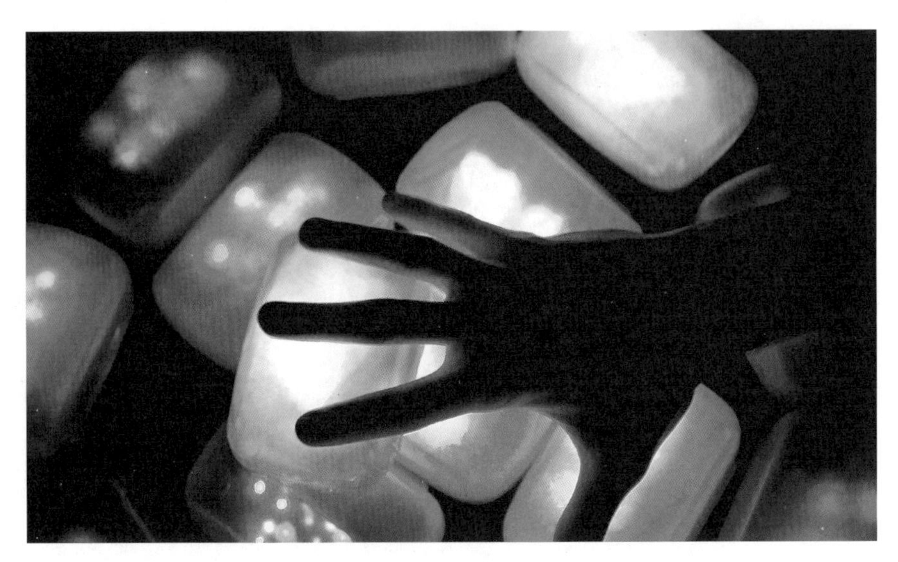

图6-21 光体

## 2. 与大范围灯光交互

在城市里，现代照明可以满足人们的娱乐需求。例如，位于丹麦科灵的一条灯光隧道（如图6-22所示），以不同的灯光模式吸引着过往的人。

图6-22 丹麦科灵灯光隧道中，灯光随着人们的移动而变化

在这种有趣的照明模式出现以前，人们都自顾自地穿梭于隧道中，生怕在漆黑的隧道中发生意外，而现在，一旦有人走入隧道，灯光便能感知到并且开始随着人们的移动灵活地呈现不同的灯光模式。隧道内的灯光就像是人身体的延伸，将人们和这个空间联系起来，仿佛隧道在与人并排前行。

随着移动互联网的普及，大多数人都用上了智能手机，这使得移动设备与灯光的交互变得可能。试想把一栋大楼当作纸，用灯光在上面作画，这听起来很不可思议，但在奥地利林茨的电子艺术中心，参观者只要打开一个App，并将手机对准建筑物表面，在手机上“画”出灯光，便可以实时在建筑表面上欣赏自己的灯光画作了，这给了用户一种直接触碰建筑物表面的感觉（如图6-23所示）。类似这种可以让人们在城市里用灯光进行创造的“参与式照明”形式，值得用户体验设计师进一步探索。

图6-23 人们使用智能手机App与建筑物的数字表面进行交互

# 案例四　移动端——走吧

案例“走吧”来源于北京师范大学心理学部用户体验中心的课程实践。该课程以互联网金融为知识背景，抛出“借”钱、“花”钱、“生”钱三个课题供学生选择。学生选择其中一个主题进行发散，串联用户场景，实现课题目标。

“走吧”课题组由6名学生组成，他们共同完成用户定义、场景搭建、产品设计的工作。课题组选定“借钱”作为产品入手点，聚焦一群说走就走的旅行者。

这个时代，有一群说走就走的旅行者，他们是有梦想有情怀的一群人，他们需要旅行的资金，而另一群人，他们有资金，也有对远方的向往，但是他们没有时间抽身去旅行。在这个App上，他们都可以得到自己想要的。

用户体验研究员将结合加勒特关于用户体验要素的自下而上的五个层级模型来介绍“走吧”这个案例的各个部分，使读者可以更好地理解本书之前提到的理论知识。

## 1. 战略层

战略层是一个产品的开始，也是产品设计的根本目的，直接来源于用户需求与项目目标。

在“走吧”的前期调研中用户体验研究员得到以下信息：

第一，89.7%的人在过去半年中曾有过出游行为。

第二，71.5%的人获取信息的主要渠道为移动互联网。

第三，66.1%的人出游的首要限制因素为出游时间。

第四，48.7%的人出游的首要限制因素为出游预算。

可见目前旅游非常普遍化，但是有的人没时间，有的人没钱。在对用户的深度访谈后，用户体验研究员获得以下发现：

第一，用户喜欢查阅攻略，但精品攻略难得。

第二，用户有钱但没时间出去玩。

第三，用户有时间但没钱出去玩。

第四，用户出游时会经常使用一些旅游App。

由此，用户体验研究员把目标用户群确定为说走就走的旅行者，他们是热爱旅行的群体，是互联网的深度用户。而想要产出的这个App主要是帮助那些有时间、有精力的旅游爱好者们摆脱想要旅行，但眼前储备金不够的窘境，帮助他们向现在有闲钱但却因各种原因无法出行的人们借钱。其实这是在满足两类人的需求，一类是有梦想有情怀的人，需要无偿借钱去追寻诗和远方，而他们提供的旅行直播与私人高质量攻略，又满足了那群有钱却没时间去玩的人的需求，而平台的盈利模式是广告和精品攻略收费服务。

## 2. 范围层

范围层则决定产品应该包含的功能。

在“走吧”这个案例中，范围层是以功能树的形式展现出来的。功能树，又叫功能结构图，是指设计师在编写商业需求描述（Business Requirement Document，BRD）的时候设计出来的产品大致的业务模式（初级业务流程）和涉及的大的功能点（初级功能框架）。功能结构图实际上是一种产品原型的结构化表达，它要明确产品的板块、界面、功能和元素，每定义一个功能，都要用思维导图工具记录下来，以形成产品完整的功能结构图。如图6-24所示，主页上包括众筹、攻略和个人中心这些大的功能模块和其下的一些子功能，按照四级分层，展现出“走吧”App的功能结构。

## 3. 结构层

结构层决定交互和功能的最佳组合方式，隐含在框架层之下，决定了用户交互的流程。

在“走吧”这个案例中，结构层是以任务流的形式展现出来的。任务流是指从整体流程到局部流程，从主干流程到分支流程，从正常流程到异常流程。对于用户体验设计师来说，任务流的主体一般是产品的用户，任务流图反映的则是用户的行为。如图6-25所示，用户开始之后进入宣传页，查看攻略之后显示可以发起众筹，点击后发现没有注册，需要去注册，输入我的用户名、密码，平台对个人信用进行评估，看是否

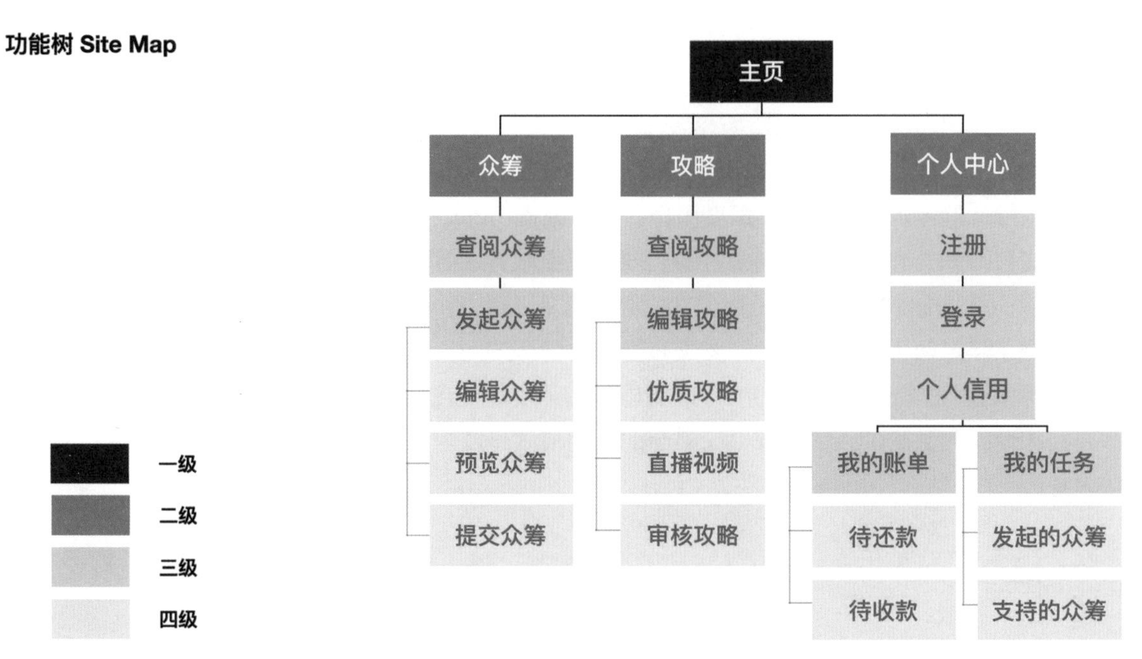


图6-24“走吧”功能树

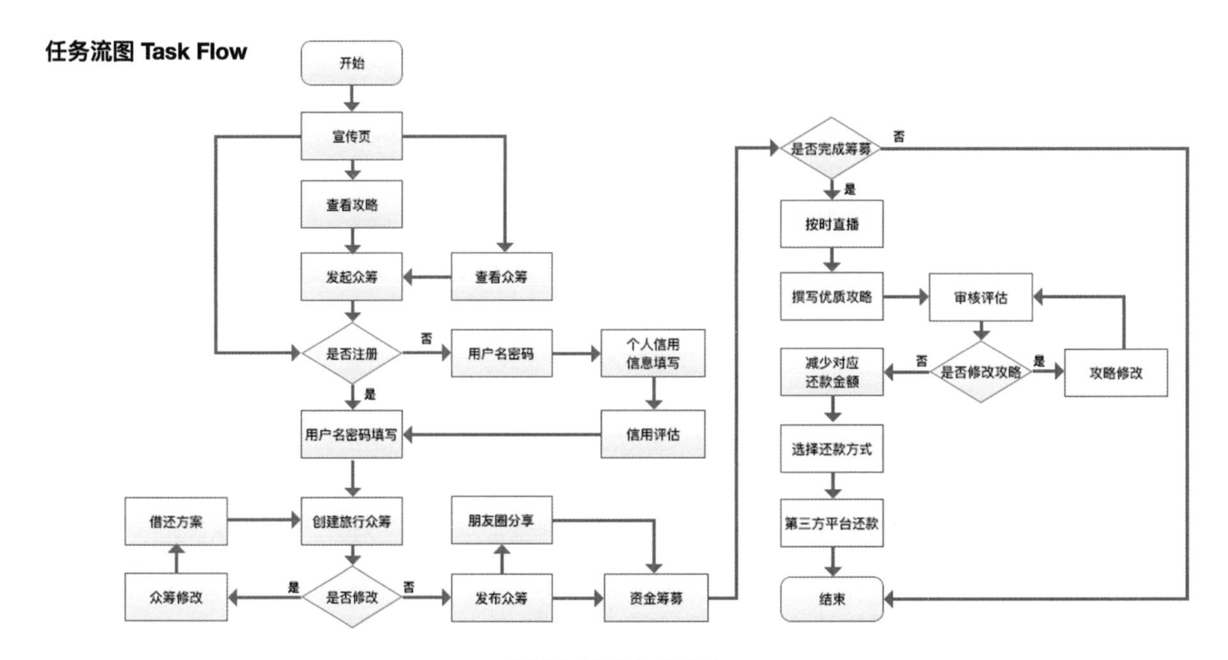


图6-25“走吧”任务流

具备还钱能力。登录后，可以进入众筹界面，需要填写标题、为什么要众筹和借还方案，需要图片和真诚优美的语言让他人借钱给自己，写完后可以预览，检验排版效果与内容是否正确，确认后可以提交和发布。发布后，用户可以分享在朋友圈，等待感兴趣的人给自己众筹。众筹结束后，用户需要按之前的约定提供相应的内容，首先按时直播，然后在旅行结束后写一份优质的攻略，攻略会被平台审核评估，通过后可以减少对应的还款金额，最后选择还款方式，通常通过第三方平台还款，还款后，本次众筹结束。

### 4. 框架层

框架层指的是在表现层之下，各个表象组成元素的排列方式，包括按钮、照片、文本的位置与排列等。目的在于优化设计布局，使用户体验效果最大化。

在“走吧”这个案例中，用户体验设计师通过绘制页面流（如图6-26所示），完成交互触点的搭建——描述用户完成一个任务需要经过哪些页面，也就是用户在哪儿，经过什么操作，能去哪儿。页面流有三个要素：页面、行动点和连接线。

### 5. 表现层

表现层指的是用户能够看到的产品的可视化部分。产品在表现层的要求不受类型的约束，最终目的都是为用户建立起感知体验。

在“走吧”这个案例中，表现层是以视觉效果分析、确定和高保真原型的形式展现出来的。如图6-27所示，设计师通过以自然绿色为主题的色系来烘托产品整体氛围，同时通过交互用色定义来强化整体界面结构。在“走吧”App中，设计师主要运用叠加白色文字、极简主义、独特的颜色和色彩强调来制作高保真原型（如图6-28所示）。

“走吧”项目强调从用户体验研究到真正设计出产品的全过程。当真正落实到产品设计的细节时，我们才能感受到从概念准则到真实产品间的距离。从需求定义到落实到每一个控件、每一次点击，再到将用户诉求渗透到设计细节中去，每一步都需要设计师步步精准推敲。

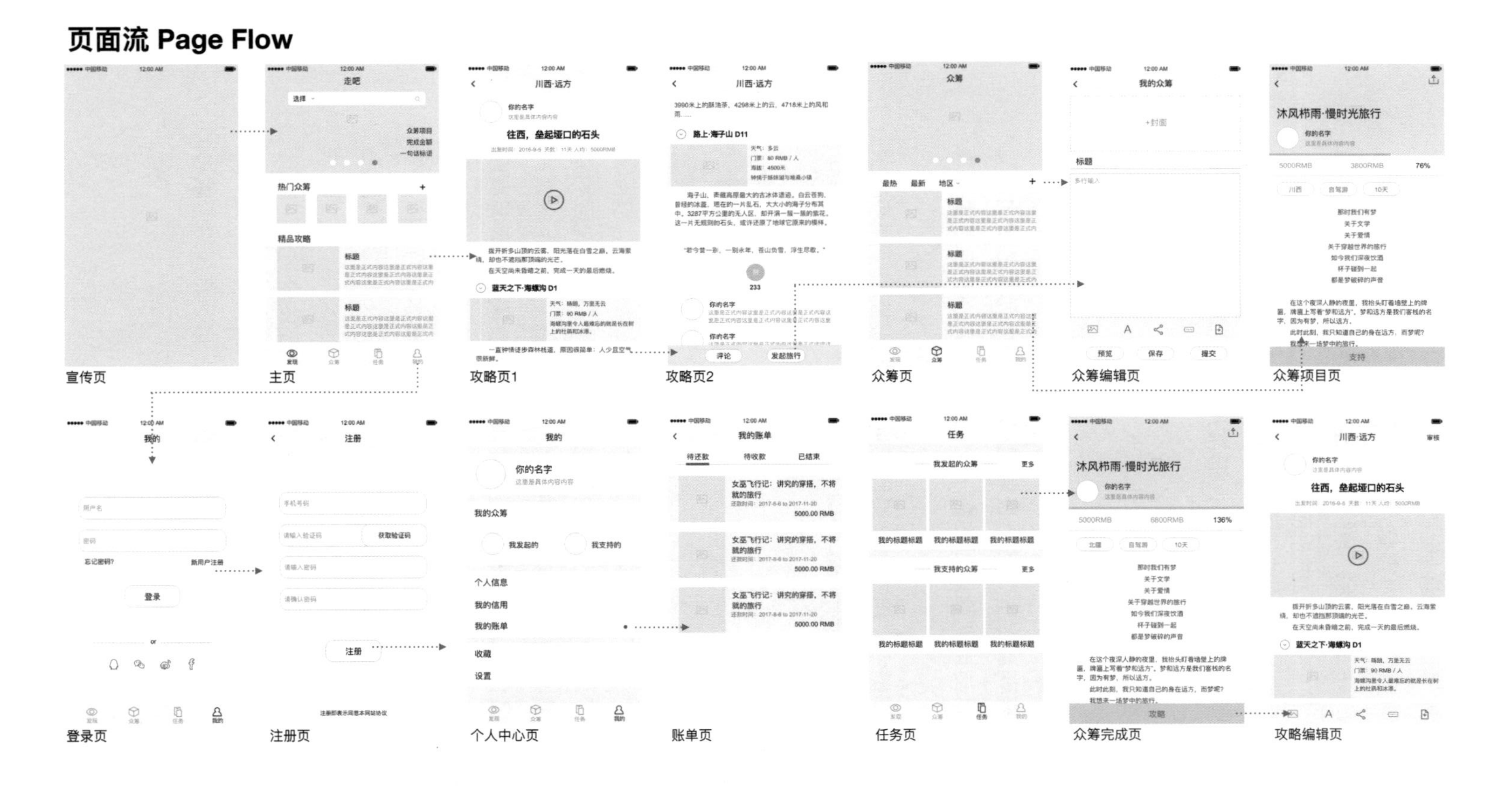
页面流 Page Flow
宣传页
主页
攻略页1
攻略页2
众筹页
众筹编辑页
众筹项目页
登录页
注册页
个人中心页
账单页
任务页
众筹完成页
攻略编辑页

图6-26“走吧”页面流

## 视觉风格

**主色**

**辅助色**

**点睛色**

**1 叠加白色文字**
在风景照片上叠加细细的白色线或手写字体。

**2 极简主义**
使用尽可能少的颜色，用大特写，平整简单的背景。

**3 独特的颜色**
主题色+辅助色+点睛色。

**4 色彩强调**
突出视觉重点，强调传递的信息。

图6-27“走吧”视觉定义

## 高保真原型效果图

主页

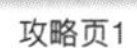

攻略页1

攻略页2

图6-28“走吧”高保真原型

# 扩展阅读——与大咖面对面

联想高级研究经理与我们分享了用户体验对公司的价值。

用户体验这个词现在会被各个企业，不管是传统企业还是互联网企业广泛推崇。他们都认为在做产品的时候，关注用户，以用户为中心是公司运营最重要的一点。在联想的那段时间，虽然只有两年多，我体验到一种其他任何企业都不能给我的感觉——挑战与激情并存。怎么讲？在联想我一共待过四个部门，刚开始待的是质量部门，然后转到前端市场，再转到后期产品保障，最后转到用户体验设计中心。在这四个部门中，我都能看到用户体验在里面发挥的作用。不同的部门关注不同的用户体验，有不同的效率。

这是一个简单的传统性企业涉及的关键性部门，从前期的策略到产品规划、设计、研发、上市、销售，所有的这一切都是想要做出满足用户需求的产品，做好，卖出去。那用户体验在里头是什么呢？就像穿珍珠的那根线，它从前帮助穿到后，但是每一个部门的诉求是不一样的。

对于一个产品来说，用户体验可以做什么？我们这个部门主要涉及前期对产品的定义，对产品和用户需求的描绘，在研发中和产品部门沟通，产品上市前的验证以及产品上市后用户反馈的收集。刚才乔立给大家讲的快速迭代就是互联网行业非常典型的特征，但是像联想这样稍微偏传统一些的企业，这个时间轴会相对比较长。而用户体验最关键的一点就是，你要秉持你在当时开始的时候从用户那里得到的诉求，要不偏不倚地贯穿始终传达下去，并且在最后产品上市之前能够很好地和所有后端合作，帮助它以正确的语言传达给用户。

在项目刚开始的时候，最关键的一点就是看冰山下那一层，不是通过询问，而是通过观察，观察用户在他真正生活中使用时有什么不方便的地方。以电子产品的研究为例。第一阶段，用户体验研究员观察手机或者说电子产品在帮助自己和实际社会做关联时，如何更好地架设这个桥梁。第二阶段，就是落回基础性的研究工作，基于用户需求进行设计。第三阶段，每一个设计部门都会有自己的设计语言，每个公司都有自己的品牌呈现，设计部门要对产品有很好的理解并设计语言来体现品牌。

我们重点说第一阶段，影子跟踪法，在观察用户时不打扰他们的生活，观察他们对产品的使用情况，他们如何和社会人做沟通，如何使用一些电子设备，这期间他们的什么行为是属于体验流程的，手机有什么地方可以帮助他们。在和其他电子设备之间做沟通的时候，什么阻挡用户不能够快速使用。

用户体验研究员在观察过程中要有重点，有取舍，不能全方位地进行观察，因为没有关注点的观察会导致很多信息被遗漏，所以用户体验研究员的工作就是做有重点的关注记录。

在日常工作中，用户体验研究员会设置兴趣点，做用户观察时，在每个用户身上花两到三小时，观察完所有用户后会整体进行分析和梳理。这种观察工作不会只在研究团队中执行。术业有专攻，每一个专业的人所关注的重点是不一样的，所以大型项目会引入设计师、产品经理和研发人员，让他们每一个人从自己的视角上提出专业性的建议。

# 附录1　实验室评估量表

亲爱的同学：

您好！非常感谢您参与本次评估。所有的信息将会采用保密原则用于调查分析，不会对个人信息造成任何泄漏。希望您能认真对待，如实回答以下问题。衷心感谢您的配合！

一．个人基本情况

1．性别：□男　　□女

2．您的年龄是：________

3．您的驾龄是：________

量表A：

下面是一些关于该设计体验的描述。请根据自己的感受，在后面相应选项的“□”里打“√”。

| 项目 | 完全不符合 | 不太符合 | 不确定 | 比较符合 | 完全符合 |
|---|---|---|---|---|---|
| 1．操作流程简单易懂 | □ | □ | □ | □ | □ |
| 2．能够快速学习“踩”“赞”的流程 | □ | □ | □ | □ | □ |
| 3．使用该功能不会影响我的驾驶 | □ | □ | □ | □ | □ |
| 4．我很喜欢这个设计 | □ | □ | □ | □ | □ |
| 5．我对这个设计非常不满意 | □ | □ | □ | □ | □ |
| 6．我觉得我的车内需要这个功能 | □ | □ | □ | □ | □ |
| 7．这个设计能够使我的出行更加愉悦 | □ | □ | □ | □ | □ |
| 8．如果被“踩”的人是我，我会产生明显的消极情绪 | □ | □ | □ | □ | □ |
| 9．该设计在使用过程中能够给我轻松的感觉 | □ | □ | □ | □ | □ |
| 10．我的出行会因为有这样的设计更加顺畅 | □ | □ | □ | □ | □ |
| 11．我觉得这个设计给我一种惊喜的感觉 | □ | □ | □ | □ | □ |
| 12．我觉得这个设计具有创新性 | □ | □ | □ | □ | □ |
| 13．我觉得这个设计没有给我带来惊喜的感觉 | □ | □ | □ | □ | □ |
| 14．如果有这样的产品，我会推荐给我的朋友 | □ | □ | □ | □ | □ |

量表B：

下面是一些关于该设计体验的描述。请根据自己的感受，在后面相应选项的“□”里打“√”。

| 项目 | 完全不符合 | 不太符合 | 不确定 | 比较符合 | 完全符合 |
|---|---|---|---|---|---|
| 1. 当我做出不良行为之后，该设计能够有效地阻止我下次产生交通不良行为 | □ | □ | □ | □ | □ |
| 2. 当我意识到不良行为之后，我的车会记录下我的行为，我的不良行为就会被有效地抑制 | □ | □ | □ | □ | □ |
| 3. 操作流程简单易懂 | □ | □ | □ | □ | □ |
| 4. 使用该功能不会影响我的驾驶 | □ | □ | □ | □ | □ |
| 5. 我很喜欢这个设计 | □ | □ | □ | □ | □ |
| 6. 我对这个设计非常不满意 | □ | □ | □ | □ | □ |
| 7. 我觉得我的车内需要这个功能 | □ | □ | □ | □ | □ |
| 8. 这个设计能够使我的出行更加愉悦 | □ | □ | □ | □ | □ |
| 9. 如果被“踩”的人是我，我会产生明显的消极情绪 | □ | □ | □ | □ | □ |
| 10. 该设计在使用过程中能够给我轻松的感觉 | □ | □ | □ | □ | □ |
| 11. 我的出行会因为有这样的设计更加顺畅 | □ | □ | □ | □ | □ |
| 12. 我觉得这个设计给我一种惊喜的感觉 | □ | □ | □ | □ | □ |
| 13. 我觉得这个设计具有创新性 | □ | □ | □ | □ | □ |
| 14. 我觉得这个设计没有给我带来惊喜的感觉 | □ | □ | □ | □ | □ |
| 15. 如果有这样的产品，我会推荐给我的朋友 | □ | □ | □ | □ | □ |

# 附录2　工作坊报名问卷

亲爱的同学：

您好！非常感谢您参与本次工作坊。本问卷所有的信息将会采用保密原则用于调查分析，不会对个人信息造成任何泄露。希望您能认真对待，如实回答以下问题。若所填信息不真实，那将会使本次调查结果失效。衷心感谢您的配合!

1. 年龄：

2. 性别：□男 □女

3. 是否有驾照：□是 □否

4. 驾龄：

5. 开车的频率是：

A. 每天都开。

B. 经常开。

C. 偶尔开。

D. 不怎么开。

E. 不开。

6. 根据自身驾车经验，选择符合自身特点的选项（多选题）：

A. 看到交警我就会手忙脚乱，非常紧张。

B. 我总是忘记打转向灯，还容易开错路。

C. 我觉得自己的开车技术还是挺不错的。

D. 一到会车的时候我就非常紧张，害怕撞上。

E. 在熟悉的路段我开得很快，在不熟悉的路段会开得比较慢，比较小心。

F. 基本上所有道路我都能轻松驾驭。

G. 如果在开车的时候旁边坐了个经验十分丰富的司机，我会非常紧张，害怕被责骂。

H. 我不敢上高速。

I. 我会开车去自驾游。

# 参考文献


1. 安德森．认知心理学及其启示．秦裕林，等译．北京：人民邮电出版社，2012.
2. 巴克斯特等．用户至上：用户研究方法与实践．北京：机械工业出版社，2017.
3. 比尔·巴克斯顿．用户体验草图设计：正确地设计，设计得正确．黄峰，等译．北京：电子工业出版社，2012.
4. 代尔夫特理工大学工业设计工程学院．设计方法与策略：代尔夫特设计指南．武汉：华中科技大学出版社，2014.
5. 戴海崎．心理教育测量．广州：暨南大学出版社，2003.
6. 戴力农．设计调研．北京：电子工业出版社，2014.
7. 樽本徹也．用户体验与可用性测试．陈啸，等译．北京：人民邮电出版社，2015.
8. 盖文·艾林伍德，彼得·比尔．用户体验设计．孔祥富，等译．北京：电子工业出版社，2015.
9. 古德曼，库涅夫斯基，莫德．洞察用户体验：方法与实践．刘吉昆，等译．北京：清华大学出版社，2015.
10. 加瑞特．用户体验的要素：以用户为中心的 Web 设计．范晓燕，等译．北京：机械工业出版社，2017.
11. 加瑞特．用户体验要素：以用户为中心的产品设计．范晓燕，等译．北京：机械工业出版社，2011.
12. 库珀．About Face 4：交互设计精髓．倪卫国，等译．北京：电子工业出版社，2015.
13. 奎瑟贝利，布鲁克斯．用户体验设计：讲故事的艺术．周隽，译．北京：清华大学出版社，2014.
14. 凌文辁，滨治世．心理测验法．北京：科学出版社，1988.
15. 刘伟．交互品质：脱离鼠标键盘的情境设计．北京：电子工业出版社，

2015.

16. 卢克·米勒. 用户体验方法论. 王雪鸽，等译. 北京：中信出版社，2016.
17. 迈尔斯. 社会心理学. 侯玉波，等译. 北京：人民邮电出版社，2016.
18. 诺曼. 设计心理学：情感化设计. 何笑梅，等译. 北京：中信出版社，2015.
19. 诺曼. 设计心理学：日常的设计. 小柯，等译. 北京：中信出版社，2015.
20. 诺曼. 设计心理学：与复杂共处. 张磊，等译. 北京：中信出版社，2015.
21. 彭聃龄. 普通心理学. 北京：北京师范大学出版社，2012.
22. 斯滕伯格. 认知心理学. 北京：中国轻工业出版社，2006.
23. 汪明. 心理实验和测量. 合肥：中国科学技术大学出版社，2002.
24. 威肯斯，霍兰兹，班伯里. 工程心理学与人的作业. 张侃，等译. 北京：机械工业出版社，2014.
25. 约翰逊. 认知与设计：理解UI设计准则. 张一宁，等译. 北京：人民邮电出版社，2014.
26. Conradie, P., Vandevelde, C., De Ville, J. & Saldien, J. "Prototyping Tangible User Interfaces: Case Study of the Collaboration Between Academia and Industry" . International Journal of Engineering Education, 32(2), 726-737, 2016.
27. Bavelas, J. B. "Quantitative versus Qualitative?" . Social Approaches to Communication. New York: The Gullford Press, 1995.
28. Baxter, K. & Courage, C. Understanding Your Users: A Practical Guide to User Requirements Methods. San Francisco: Morgan Kaufmann, 2015.
29. Bryman, A. "Integrating Quantitative and Qualitative Research: How Is It Done?". Qualitative Research, 6(1), 97-113, 2006.
30. Wilson C. Interview Techniques for UX Practitioners: A User-Centered Design Method. San Francisco: Morgan Kaufmann, 2013.
31. Dix, A., Finlay, J., Abowd, G. & Beale, R. Human-Computer Interaction. New York: Prentice Hall, 1997.
32. Lichaw, D. The User's Journey: Storymapping Products That People Love. New York: Rosenfeld Media, 2016.
33. Dreyfuss, H. Designing for People. New York: Allworth Press, 2003.
34. Eason, K. Information Technology and Organizational Change. London: Taylor and Francis, 1987.

35. Levy, J. UX Strategy: How to Devise Innovative Digital Products that People Want. Cambridge: O'Reilly Media, 2015.
36. Kalbach, J. Mapping Experiences: A Complete Guide to Creating Value through Journeys, *Blueprints, and Diagrams*. Cambridge: O'Reilly Media, 2016.
37. Patton, J. & Economy, P. User Story Mapping: Discover the Whole Story, Build the Right Product. Cambridge: O'Reilly Media, 2014.
38. Sauro, J. & Lewis, J.R. Quantifying the User Experience: Practical Statistics for User Research. San Francisco: Morgan Kaufmann, 2016.
39. Kolko, J. Well-Besigned: How to Use Empathy to Create Products People Love. Boston: Harvard Business Review Press, 2014.
40. Garcia-Ruiz, M.A. Games User Research: A Case Study Approach. Natick: A K Peters/CRC Press, 2016.
41. Kuniavsky, M. Observing the User Experience: A Practitioner's Guide to User Research. San Francisco: Morgan Kaufmann, 2003.
42. Morse, J.M. "Designing funded qualitative research" in Denzin N. & Lincoln Y.(eds), Hand book of Qualitative Research. Thousand Oaks, CA: Sage, 1994.
43. Nielsen, J. "Heuristic Evaluation," in Nielsen, J. & Mack, R.L. (eds.), Usability Inspection Methods. New York: John Wiley & Sons, 1994.
44. Norman, D. The Design of Everyday Things. New York: Doubleday, 1988.
45. Preece, J., Rogers, Y. & Sharp, H. Interaction Design: Beyond Human-Computer Interaction. New York: John Wiley & Sons, 2002.
46. Preece, J., Rogers, Y., Sharp, H., Benyon, D., Holland, S. & Carey, T. Human-Computer Interaction. Essex: Addison-Wesley Longman Limited, 1994.
47. Punch, K. Introduction to Social Research: Quantitative and Qualitative Approaches. London: Sage, 1998.
48. Punch, K. Developing Effective Research Proposals. London: Sage, 2006.
49. Seitinger, S., Taub, D. M. & Taylor, A. S. Light Bodies: Exploring Interactions with Responsive Lights. Cambridge: MIT Media Laboratory, 2010.
50. Silverman, D. Qualitative Research: Theory, Method and Practice. London: Sage, 2004.

51. Mulder, S. & Yaar, Z. A Practical Guide to Creating and Using Personas for the Web. Berkley: New Riders, 2007.

52. Portigal, S. Interviewing Users: How to Uncover Compelling Insights. New York: Rosenfeld Media, 2013.

53. Portigal, S. Doorbells, Danger, and Dead Batteries: User Research War Stories. New York: Rosenfeld Media, 2016.

54. Sharon, T. Validating Product Ideas: Through Lean User Research. New York: Rosenfeld Media, 2016.

在这个越来越以人为中心的时代，所有产品或服务的提供都应更聚焦于用户的感受和需要。谁能更深刻地觉察和尊重用户的需求，谁就能掌握市场与未来。BNUX开全国之先河，以心理、设计、科技、商业的有机整合为特色，迅速成为国内用户体验人才培养和社会服务的翘楚。本书即近年来理论与实践探索的成果，一定会带你走进精彩纷呈的用户体验殿堂。

——乔志宏，北京师范大学心理学部党委书记

设计是集成知识，创造满足用户需求的商品、服务和环境的创新方法。用户体验是设计方法论中的关键环节。本书基于用户体验的历史沿革、基础定义和应用情境，系统地阐述了用户体验的研究方法，有较高的研读价值。

——宋慰祖，北京设计学会创始人

智能制造的出现对人才的发展提出了更高的要求——不仅要掌握尖端科技，还要具备创新能力与思维，而用户体验是未来科技创新的重要源泉，也是未来人才应具备的思维方式。本书深入浅出地介绍了用户体验研究的理论与方法，通过案例分析阐述了相关领域与未来科技的结合，具有战略性和前瞻性的用户体验思维。

——徐迎庆，清华大学未来实验室主任

用户体验设计已经成为设计学科中的重要课题。它与设计的诸多领域紧密结合，精心策划设计中的产品或服务。我的作者朋友很幸运，他受过世界上十分优异的高等教育，并有在中国和海外顶尖院校的工作履历，他对用户体验设计背后的基本原则有独到的见解。用户体验设计师或研究员如果掌握了这些原则，就可以更好地满足甚至超越用户的期望，同时让所有利益相关者受益。

——方启思（Cees de Bont），英国拉夫堡大学设计学院院长

在教育领域中鲜有比“用户体验”更基础的研究主题。根据我50年来在设计研究中心（Center for Design Research）开展的对工科团队协作学习本质的教学与研究工作经验，我认为，作者清晰地洞察到以下关键发现：第一，随着机器学习和人工智能时代的到来，用户体验已不可同日而语；第二，情境既是一个关键因素，也是一个量化的挑战；第三，用户体验需要通过定量研究和定性研究来揭示现象背后的本质；第四，人们在科学思维背景下，时常忽视设计思维这一智力活动；第五，要保持设计和科学范式之间的平衡。在我们面临的众多挑战中，本书出色地完成了概论介绍，涵盖了关注重点并提供了行之有效的策略。

——拉里·J. 莱弗（Larry J. Leifer），美国斯坦福大学设计研究中心主任

BNUX一直是中国用户体验教育行业的真正先驱，他们从设计、人机交互和商业等方面提出了深刻的见解，为培养下一代用户体验设计师、研究员和战略家指明了方向。本书介绍了关键的用户体验研究方法，也是探究用户如何思考和与科技交互的基础。书中通过一系列关键案例，讲述方法的真实应用情境，阐述了如何运用创新的途径描绘和实现下一代的用户体验。

——科林·M. 格雷（Colin M. Gray），奥斯汀·L. 图姆斯（Austin L. Toombs），美国普渡大学用户体验设计方向负责人

我很荣幸能与作者开展项目合作，并对其提供的用户体验课程的深度和广度印象深刻。课程不仅教授基础知识，还向学生展示了沟通、解决问题和领导力的重要性。如今的用户体验设计师不能只专注于构建更多可用的设计，还必须利用设计思维来提升商业成果与影响力，并上升到战略高度。BNUX为学生提供了使其成为优秀人才和改变世界所需的知识。

——詹姆斯·曼宁（James Manning），杜比实验室用户体验设计总监